青少年科普故事系列

趣味数学科学故事

周爱农 主编

西北工业大学出版社

图书在版编目(CIP)数据

趣味数学科学故事/周爱农主编．—西安：西北工业大学出版社，2013.3(2015.5 重印)
(青少年科普故事系列)
ISBN 978-7-5612-3655-0

Ⅰ.①趣…　Ⅱ.①周…　Ⅲ.①数学—青年读物　②数学—少年读物　Ⅳ.①O1—49

中国版本图书馆 CIP 数据核字(2013)第 062155 号

青少年科普故事系列·趣味数学科学故事　　周爱农　主编

出版发行：西北工业大学出版社
通信地址：西安市友谊西路 127 号　　邮编：710072
电　　话：(029)88493844　88491757
网　　址：www.nwpup.com
印　　刷：兴平市博闻印务有限公司
开　　本：710mm×1 000mm　1/16
印　　张：10
字　　数：123 千字
版　　次：2013 年 10 月第 1 版　　2015 年 5 月第 2 次印刷
定　　价：20.00 元

前　言

当孩子问你什么是数学的时候，当孩子问你为什么我们要学习数学的时候……面对孩子困惑、稚嫩的眼神，面对孩子强烈求知的欲望，你曾有过这样的困惑和尴尬吗？虽然想给孩子一个满意的答案，但却无从回答。

俗语说“学好数理化，走遍全天下”，可见数学这一学科的重要性。因此，家长更应该注重培养孩子在青少年阶段学习数学的兴趣。

千里之行，始于足下。孩子数学方面的教育，尤其是中小学阶段的数学教育在整个教育体系中显得特别重要，对他们以后人生道路的影响是不可忽视的。十年树木，百年树人。在人生的旅途中，家长为孩子从小打下良好的数学基础是非常重要的。良好的基础就意味着成功的一半，而选择一本好书对培养孩子是至关重要的。一本好书能帮助孩子从小树立远大的理想，进而为实现理想，从点点滴滴的小事做起。

本书为青少年科普知识读物，解决了家长在孩子中小学阶段教育中材料少、选书难的问题。本书以启发孩子自主性、创造性思维方式为目的，从选材、语言组织到谋篇布局都注意到了孩子的心理，抓住孩子感兴趣的问题，从杰出科学家的故事、重大的科学发现到科学猜想，一步步引导孩子在读书和听故事的过程中开动脑筋，思考问题。

梦想与现实之间只有一道门槛，站在门外，你永远都是寻梦人。那么，选择它，打开它，那将是孩子梦想起飞的地方。

编　者

2013 年 1 月

目　录

数学科学发现

数学家的故事

数学猜想

数学科学发现

函数的发展历程

翻开数学史，我们会发现，重要数学概念的产生和发展，对数学发展起着不可估量的作用。有些重要的数学概念对数学分支的产生起着奠定性的作用，我们所学过的函数就是这样的重要概念。

在笛卡儿引入变量以后，变量和函数等概念日益渗透到科学技术的各个领域。人们对函数的概念也在不断深化。

17 世纪德国数学家莱布尼茨最早提出了函数的概念。最初莱布尼茨用“函数”一词表示幂，如 $y=kx+b$ 都叫函数。以后，他又用函数表示在直角坐标系中曲线上一点的横坐标、纵坐标。

18 世纪初，瑞士数学家贝努利继承了老师莱布尼茨对函数的研究，进一步把函数定义为“由某个变量及任意的一个常数结合而成的数量”。意思是凡变量 x 和常量构成的式子都叫作 x 的函数。贝努利所强调的是函数要用公式来表示。

后来数学家觉得不应该把函数概念局限在只能用公式来表达上。只要一些变量变化，另一些变量能随之而变化就可以，至于这两个变量的关系是否要用公式来表示，就不作为判别函数的标准。

后来，在瑞士数学家欧拉的定义中，就不强调函数要用公式表示了。18 世纪中期，欧拉把函数定义为“如果某些变量，以某一种方式依赖于另一些变量，即当后面这些变量变化时，前面这些变量也随着变化，我们把前面的变量称为后面变量的函数”。由于函数不一定要用公式来表示，欧拉曾把画在坐标系的曲线也叫函数。他认为：“函数是随意画出的一条曲线。”

当时有些数学家对于不用公式来表示函数感到很不习惯，有的数学家甚至抱怀疑态度。他们把能用公式表示的函数叫“真函数”，把不能用公式表示的函数叫“假函数”。19 世纪 20 年代，法国数学家柯西给出了类似现在中学课本的函数定义：“在某些变数间存在着一定的关系，当给定其中某一变数的值，其他变数的值可随着而确定时，则将最初的变数叫自变量，其他各变数叫作函数。”在柯西的定义中，首次出现了自变量一词。

19 世纪 30 年代中期，俄国数学家罗巴契夫斯基进一步提出了函数的定义：“x 的函数是这样的一个数，它对于每一个 x 都有确定的值，并且随着 x 一起变化。函数值可以由解析式给出，也可以由一个条件给出，这个条件提供了一种寻求全部对应值的方法。函数的这种依赖关系可以存在，但仍然是未知的。”这个定义指出了对应关系（条件）的必要性，利用这个关系，可以来求出每一个 x 的对应值。

19世纪30年代末，德国数学家狄里克雷的定义为“如果对于 x 的每一个值，y 总有一个完全确定的值与之对应，则 y 是 x 的函数”。他认为怎样去建立 x 与 y 之间的对应关系是无关紧要的，这个定义抓住了概念的本质属性，变量 y 称为 x 的函数，只需有一个法则存在，使得这个函数取值范围中的每一个值，有一个确定的 y 值和它对应就行了，不管这个法则是公式、图像、表格还是其他形式。这个定义比前面的定义带有普遍性，为理论研究和实际应用提供了方便。因此，这个定义曾被长期使用着。

自从德国数学家康托尔的集合论被大家接受后，用集合对应关系来定义函数概念就是现在高中课本里的定义方法。

中文数学书上使用的“函数”一词是转译词，是我国清代数学家李善兰在翻译《代数学》一书时，把“function”译成“函数”的。

中国古代“函”字与“含”字通用，都有着“包含”的意思。李善兰给出的函数定义是“凡是公式中含有变量 x，则该式子叫作 x 的函数”。因此，“函数”是指公式里含有变量的意思。

函数走过了漫长的历史，一步步趋于完善。通过无数数学家的努力探索、研究，才有了我们今天所学习的函数。

点评

函数经过这一系列的发展终于以比较完备的姿态来到了我们的教科书里面。我们在学习前人研究结果的同时，也不要忘记数学史上那些伟大的数学家为数学的发展、社会的进步所付出的艰辛和努力。

数学符号的起源

我们知道，数学家族中除了数字以外，还有一套数学符号来表示数和数、数和形的相互关系。数学符号的发明和使用比数字晚，但是数量却多得多。现在常用的数学符号有 200 多种，初中数学书里就有 20 多种。这些符号我们在学习中都会遇到、利用到。那它们都是怎样产生的呢？

我们先来说说加号。加号在历史上曾经有好几种形式，现在通用“＋”来表示相加。“＋”号是由拉丁文“et”（“和”的意思）演变而来的。

“－”号是从拉丁文“minus”（“减”的意思）演变来的，简写为“m”。

也有人这样解释加号和减号。卖酒的商人用“－”表示酒桶里的酒卖了多少。当把新酒灌入大桶的时候，就在“－”上加一竖，意思是把原线条勾销，这样就成了个“＋”号。

到了15世纪，德国数学家魏德美正式确定“＋”用作加号，“－”用作减号。

乘号曾经用过十几种形式，现在通用两种。一种是“×”，最早是由英国数学家奥屈特于1631年提出的，也是我们现在最常用的；一种是“·”，最早是由英国数学家赫锐奥特首创的。德国数学家莱布尼茨认为，“×”号像拉丁字母“X”，因此加以反对，而赞成用“·”号。他自己还提出用“п”表示相乘，可是这个符号现在应用到集合论中去了。

到了18世纪，美国数学家欧德莱认为，“×”是“＋”斜着写，是另一种表示增加的符号。因此，“×”作为乘号被他确定下来。

“÷”最初作为减号，在欧洲大陆长期流行。直到17世纪30年代初，英国数学家奥屈特用“:”表示除或比，另外有人用“—”（除线）表示除。后来瑞士数学家拉哈在他所著的《代数学》里，才根据群众创造，正式将“÷”作为除号。

平方根号曾经用拉丁文“radix”（根）的首尾两个字母合并起来表示。17世纪初叶，法国数学家笛卡儿在他的《几何学》中，第一次用“$\sqrt{\ }$”表示根号。

16世纪法国数学家维叶特用“＝”表示两个量的差别。可是英国牛津大学数学、修辞学教授列考尔德认为，用两条平行而又相等的直线来表示两数相等是最合适不过的了，于是符号“＝”就从1540年开始使用起来。16世纪末，法国数学家韦达大量使用这个符号，才逐渐为人们接受。17世纪德国莱布尼茨广泛使用了“＝”号，他还在几何学中用“∽”表示相似，用“≌”表示全等。

大于号“＞”和小于号“＜”，是17世纪30年代英国著名代数学家赫锐奥特创用的。至于“≯”“≮”“≠”这3个符号的出现，则是很晚很晚的事了。大括号“{}”和中括号“[]”是代数创始人之一魏治德创造的。

数学史的发展，数学家们的钻研和辛勤，终于创造出了这些看似简单却作用巨大的数学符号。这些数学符号使我们今天的数学更加完善，更加科学。

点评

看似简单的符号，在当初确实不是那么容易可以被确定下来的。我们今天之所以可以顺利、轻松地运用数学知识，正是因为这种种的小符号。符号们的起源、发展对数学的发展起着不可低估的作用。

解析几何的诞生

解析几何既是数学中最基本的学科之一，也是科学技术中最基本的数学工具之一。

解析几何的诞生有着深刻的历史背景。

16 世纪以后，社会各个领域都有了较大的发展。由于生产和科学技术的发展，原有的几何学已经不能够满足需要了，所以科学发展推动着几何学寻求更有效的思考工具，几何学迫切需要注入新鲜的血液。此外，在日常生活中，也有许多问题等待着新的、未知的数学知识来解决。就是在这样的大环境下，解析几何学诞生了。

法国著名数学家兼哲学家笛卡儿和费马最先认识到了解析几何学的重要性，并适时地开展了这项工作。一般认为，笛卡儿和与他同时代的法国业余数学家费马创建了解析几何。

17 世纪 30 年代初，笛卡儿发表了他的著作《方法论》，在这本书的后面有一篇叫《几何学》的附录。正所谓无心插柳柳成荫，《方法论》的这个附录“反客为主”成了解析几何学这一几何学全新分支的起点。后来的数学家和数学史学家都把笛卡儿的《几何学》作为解析几何的起点。

平面解析几何的基本思想有两个要点：第一，在平面建立坐标系，一点的坐标与一组有序的实数对相对应；第二，在平面上建立了坐标系后，平面上的一条曲线就可由带两个变数的一个代数方程来表示。从这里可以看到，运用坐标法不仅可以把几何问题通过代数的方法解决，而且还把变量、函数以及数和形等重要概念密切地联系了起来。

解析几何学将算术、代数、几何统一起来，笛卡儿的《几何学》正是与解析几何学的这一基本思想不谋而合。从笛卡儿的这本《几何学》中可以看出，他正是试图建立起一种这样的数学——把任何数学问题化为一个代数问题，再把任何代数问题归结到去解一个方程式。笛卡儿和费马通过把坐标系引入到几何图形中，将几何的基本元素——点，与代数的基本研究对象——数，对应起来，从而将几何问题转化为代数问题，将曲线或曲面转化为方程、函数进行解决，这就是解析几何的基本思想之一。笛卡儿在《几何学》里所阐述的解析几何，并不是全面的、完善的，但他和费马的这次重要发现为今后解析几何学的发展与应用做出了巨大的贡献。

坐标系是解析几何中联系各种量的桥梁和纽带，因此解析几何首先是建立坐标系。有了坐标系，就将几何对象和数、几何关系和函数之间联系了起来；有了坐标，才能谈坐标间的函数关系，才能谈函数关系的几何意义，这正是解析几何的灵魂所在。但现代解析几何的研究方法是多样的，除了坐标法，还有向量法等，研究对象也不仅仅是简单的二维、三维的情况，而是有更广泛的内容。

解析几何学的诞生使数学能够满足时代的发展需要，对今天的数学发展仍然有着重大的作用。

点评

解析几何是在平面几何和立体几何的基础上发展起来的，同时它的出现又为几何学乃至整个数学学科的发展提供了新的思路和方法，具有重要的意义。

圆的面积

如何求圆的面积，现在是我们小学时的课程，一个再简单不过的公式，几乎人人都能熟练地掌握圆面积的求法。但是，就是这个看似很容易解决的问题，在很久以前却一直困扰着人们，并持续了很久。看似简单的公式，里面却蕴涵着众多数学家的心血，凝聚了许多数学家的智慧。

人们从长方形面积公式求法中衍生出如何求正方形面积，根据正方形面积公式又推演出了三角形面积公式，就这样在长期对各种简单图形面积的研究中人们发现，任何一个多边形，因为可以分割成若干个三角形，所以它的面积就等于这些三角形面积的和。但是这种方法并不是屡试不爽的，对于圆这种曲边形，这个方法就不灵了，那么数学家们是怎么求出它的面积的呢？

圆是最重要的，同时也是最基础的曲边形，怎样求圆的面积，既是生活和科学的需要，也是数学对人类智慧的一次考验。在漫长的时光隧道里，无数的数学家们用各种方法尝试求出圆的面积，位列古代三大几何难题的化圆为方问题，就是人们对如何求圆面积的一次重要尝试。这个尝试甚至持续了 2 000 多年，直到 19 世纪，人们才证明了这个方法行不通。尽管这个方法最终并没有帮助人们解决求圆的面积问题，但是人们在对它进行尝试的过程中积累了丰富的知识、经验。

此后，人们开始了新的尝试。我国古代的数学家祖冲之，对这个问题的研究也取得了突出的成就。他从圆内接正六边形入手，让边数成倍增加，用圆内接正多边形的面积去无限地迫近圆的面积，从而求出圆面积的近似值。

古希腊的数学家，从圆内接正多边形和外切正多边形同时入手，不断增加它们的边数，从里、外两个方面去逼近圆面积。这些方法只是能求得圆面积的近似值，但数学家的大胆尝试和创新方法，使后人再解决这个问题时有了珍贵的资料做参考。

16 世纪，德国著名的数学家开普勒使圆面积的求法进入了新的时代。开普勒对圆面积的问题非常感兴趣，在经过大量计算、研究和尝试后，开普勒独立创造了一种全新的数学求算方法——无穷分割法。运用这种方法，开普勒不仅求出了圆的面积，而且还求出了许多图形的面积。他将自己创造的这种求圆面积的新方法，发表在《葡萄酒桶的立体几何》一书中。《葡萄酒桶的立体几何》一书，很快在欧洲流传开了。数学家们高度评价开普勒的工作，称赞这本书是人们创造求圆的面积和体积新方法的灵感源泉。

圆面积的求法问题终于在 16 世纪被开普勒打开了局面，开普勒坚持不懈的努力最终没有白费。虽然在开普勒之前的许多数学家没有直接将圆的面积求出来，但他们对科学的执著值得后人学习和借鉴。

点评

看似简单的图形其实隐藏着很难捉摸的玄机，圆面积的求法就恰好印证了这一点，但是在人们坚持不懈的努力下，还是研究出了圆面积的求法。圆面积求法的征途上留下了许多科学家光辉的足迹。人类在科学的考验面前，再一次书写了波澜壮阔的一篇！

玩出的概率论

概率论最初是从研究掷骰子等赌博中的简单问题开始的。赌博对人们的诱惑力有时候是出人意料的，以至于有人为了赌博时不输而进行科学研究。

《重要的艺术》一书的作者卡当，是意大利的医生和数学家，据说他曾经经常参与赌博。他为了能够使自己在赌博中少输，专门研究了使自己不输的方法，相传这就是概率论产生的根源。其实，概率问题的历史可以追溯到遥远的过去，很早以前，人们就用抽签、抓阄的方法解决彼此间的争端，这可能是概率论最早的应用。无独有偶，概率论的进一步发展又是在赌博的强大吸引力下进行的。

17 世纪中叶，法国贵族德·美黑在掷骰子赌博中，由于有紧急的事情要处理，所以这场赌博必须中途停止。这时问题出现了，中途停止了赌博，那么赌资怎么进行分配呢？靠对胜负的预测把赌资进行合理的分配是比较合理的，但怎么样才能做到分配比例的合理呢？于是他决定向专家请教，就写信给当时法国最有权威的数学家帕斯卡。但令他意想不到的是，正是这封信，使人们开始了探索概率论的征程。

帕斯卡不负众望，在为德·美黑解决这个问题的过程中和当时同为一流的数学家费马一起，开创了一个全新的数学分支——概率论。到1657年，荷兰著名的天文、物理和数学家惠更斯写了《论掷骰子游戏中的计算》一书。在这本书中，惠更斯记述了他对这个问题的研究成果，他把概率的问题置于更为复杂的情形下，试图总结出更一般的规律。这本书也是最早的概率论著作。

具体地说，概率论是研究随机现象的数量规律的数学分支。事件发生的情况分为三大类：在一定条件下必然发生的事件，叫作必然事件；在一定条件下不可能发生的事件，叫作不可能事件；在一定条件下可能发生也可能不发生的事件，叫作随机事件。在自然界和人类社会中存在着大量随机现象。在数学上，我们把随机事件产生的可能性称为概率。

使概率论成为数学的一个分支的真正奠基人是瑞士数学家雅各布·贝努利，他建立了概率论中的第一个极限定理。此后，人们又陆续地将概率论进行了发展。

现在它在许多领域里发挥着越来越大并且十分重要的作用。概率论是我们在日常生活中能够经常接触到的数学理论，例如现代社会中非常流行的彩票、抽奖，就大量地运用概率论的知识。从学术角度出发，它能在高能物理学、天文学、生物数学等学科中发挥很重要的作用。许多服务系统如通信、探测、预报、自动控制等都要应用概率论的内容。

虽然说概率论是由赌博而发展出来的学科，但概率与人们的生活息息相关，因此人们就应该严肃地对待概率问题，做任何事情都不要有侥幸心理，这也是概率论带给我们的启示之一。机会总是留给有准备之人的，如果人人都存着侥幸心理，那科学就会停滞不前，这也是概率论从侧面给我们的一个提示和警醒。

点评

概率的问题对我们的日常生活也很有意义，是一个非常贴近生活的理论，能够学好它并且熟练地运用它可以帮助我们解决一些生活中的小问题哟！

优美的圆锥曲线

椭圆是我们常见的几何图形之一，它总是能给我们带来一种稳健、扎实、厚重的感觉，究其原因，还是要看两条优美的曲线——圆锥曲线。

圆锥曲线是椭圆的一个衍生品。椭圆有两个焦点，这两个焦点是使椭圆能够和谐、完美的保证。由圆柱到圆锥，由圆锥到双锥……慢慢地圆锥曲线就顺理成章地出现在人们的视野里了。圆锥曲线的统一定义是这样的：到定点的距离与到定直线的距离的比 e 是常数的点的轨迹叫作圆锥曲线。

公元前 4 世纪，古希腊伟大的数学家梅内克缪斯想要攻克当时著名的难题——“倍立方问题”（即用直尺和圆规把立方体体积扩大一倍）。在研究“倍立方问题”的过程中，梅内克缪斯先后发现了“直角圆锥曲线”“锐角圆锥曲线”“钝角圆锥曲线”这 3 种圆锥曲线。由于上述 3 种曲线须以“圆锥曲面”为媒介得到，所以被称为圆锥曲线的“雏形”。圆锥曲线在这时已经露出了一角，它开始进入人们的视野。

对圆锥曲线的研究再一次取得重大成果时，时间又已经走过了大约 200 年。公元前 3 世纪后半叶，希腊人似乎与圆锥曲线的研究有着不解之缘，这次又是两位希腊的数学家做出了突出的贡献，他们就是数学史上赫赫有名的数学家奥波罗尼奥斯和欧几里得。

奥波罗尼奥斯在他的著作《圆锥曲线论》中，第一次对圆锥曲线的定义进行了系统的阐述，他是利用圆锥曲面生成圆锥曲线的方法为圆锥曲线下定义的，更难能可贵的是他还对圆锥曲线的性质进行了深入的研究。欧几里得在他的巨著《几何原本》里对圆锥曲线有更进一步的阐述，弥补了奥波罗尼奥斯的不足。欧几里得描述了圆锥曲线的共性，现在通用的圆锥曲线的统一定义就是欧几里得的贡献。

人们认识事物总是要经历一个从特殊到一般的过程，对圆锥曲线的认识也不例外。500 年后，希腊数学家帕普斯在他的《数学汇编》中将前辈们的理论进行了完善，圆锥曲线才有了严密，系统的论述。圆锥曲线的发现和应用经历了漫长的岁月，在这漫长的时间里，数学家们先后取得了各自的成果。

点评

研究圆锥曲线的思维方法是从一般到特殊的一种逆向思维，因此对培养我们的思维能力也有一定意义。

时间和角度的六十进制

在我们的日常生活中，十进制是最为大家所熟知的，也是应用最普遍、最广泛的。除了十进制，与我们的生活密切相关的还有六十进制。被认为是现代社会中人的第二生命的时间就是用六十进制来表示的。大家有没有想过，同是表示量的词，时间和角度为什么“别出心裁”地用六十进制来表示呢？

我们先来了解一下六十进制的历史。六十进制最初起源于古巴比伦。关于各个古老文明数学记数法的应用，古埃及、印度、中国都是采用十进制，只有古巴比伦王国采用六十进制。关于古巴比伦人使用六十进制的原因，学术界一直说法不一，大致有 3 种观点能被人们接受，成为主流观点：第一，有些数学家认为以 60 为基数计算方便，运算简化；第二，这与古巴比伦人的历法有关；第三，与古巴比伦人已熟悉六等分圆周相结合而得六十进制。

在我们今天的各种单位的换算中只有时间和角度采用六十进制，然而从表面上看，时间和角度的单位又是各自不同的，时间的单位是小时，角度的单位是度，它们完全没有关系。可是，为什么它们都分成分、秒等名称相同的小单位呢？为什么又都用六十进制呢？为什么时间和角度没有跟随十进制的大军呢？

我们的祖先在生产、生活过程中，渐渐地开始对大自然进行探索，今天的人们仍然没有停下探索大自然的脚步。人们在进行生产、农耕和祭祀的过程中，天文和历法慢慢成了迫切需要解决的问题，时间和角度恰恰就是天文和历法的两个主要基本单位、基本元素。正是这样一种关系使时间和角度联系在了一起。譬如，人们研究昼夜的变化，就涉及地球的自转，对地球自转的研究，就将时间和角度紧紧地联系在一起了。科学是严谨的，对于天文和历法来说，就更需要精准的计算，然而单位太大势必会影响研究的精确度，因此人们将时间和角度从小时和度继续向下分，于是就出现了分和秒这样比小时和度还小的单位。

时间和角度都要求它们的小数单位具有这样的性质：使 1/2，1/3，1/4,1/5，1/6，…都能成为它的整数倍。以 1/60 作为单位，就正好具有这个性质。譬如，1/2 等于 30 个 1/60，1/3 等于 20 个 1/60,1/4 等于 15 个 1/60……人们根据时间和角度这种特有的性质将小时和度分成了分和秒。

数学上，习惯把 1/60 的单位叫作“分”，用符号“′”来表示；把 1 分的 1/60 的单位叫作“秒”，用符号“″”来表示。时间和角度都用分、秒作小数单位。这个小数对数学的计算来说不仅精确度提高了，而且它还使计算更加方便、简洁了。

由于天文和历法一直陪伴着人们，所以六十进制已为全世界的科学家们所习惯，因此也就一直沿用到今天。六十进制至今仍在不少领域内被应用，我国地支的纪年法也是一种对六十进制的应用。

事物之间都是普遍联系的，只是有时候人们没有发现它。时间和角度的六十进制是和天文历法相联系的，因此它并没有采用十进制，是大自然的联系造就了时间和角度的六十进制。

点评

运用联系的观点看问题，相信会有很多新的发现，六十进制就是一个很有说服力的例子。

出入相补原理

我国数学历史悠久，内容丰富，有着许许多多的重大成就，不胜枚举。出入相补原理就是中国古代数学，特别是几何学中最基本的原理之一，突出地反映了我国古代数学的博大精深。

出入相补原理是指，一个平面图形从一处移置他处，面积不变。若把图形分割成若干块，那么各部分面积的和等于原来图形的面积，因此图形移置前、后诸面积间的和、差有简单的相等关系。立体的情形也是这样。出入相补的名字出自《九章算术注》，三国时期的数学家刘徽在他的《九章算术注》中对勾股术进行阐述的时候说：“勾自乘为朱方，股自乘为青方，令出入相补，各从其类，因就其余不移动也，合成弦方之幂。”出入相补由此得名。在我国古代许多重要的数学巨著中都涉及出入相补，而出入相补原理的应用最早可以追溯到先秦时期。

出入相补原理的应用最具有普遍意义的就是应用它能够得出三角形的面积等于二分之一倍的底乘以高这一基本公式，人们还由此定义出任意多角形的面积。通过这些，可见这一原理应用的广泛性，并且它与人们日常生活联系得也很紧密。

在先秦社会体制由奴隶制社会向封建制社会转型的时期，思想领域出现了诸子百家各自著书立说，造就了中国历史上著名的百家齐鸣的辉煌。先秦诸子的世界观、人生观和哲学观深深地扎根在了中华民族的土地上，直到今天，他们仍然左右着炎黄子孙的思想。那时出入相补原理在许多名家的著作里都有影子，可以说出入相补原理的雏形就在诸子百家们的字里行间中诞生了！

割圆术也是应用了出入相补原理才得出的。在刘徽之前，人们求证圆面积公式时，是用圆内接正十二边形的面积来代替圆面积。而应用了出入相补原理，将圆内接正十二边形拼补成一个长方形，借用长方形的面积公式来论证《九章算术》的圆面积公式。在这次尝试中，出入相补原理的应用价值得到了淋漓尽致的体现。

除了刘徽，我国古代还有一位数学家对应用出入相补原理解决问题取得了突出的成就，他就是赵爽。赵爽是我国东汉末至三国时期的人，他的主要贡献是约在公元3世纪深入研究了《周髀算经》，为该书写了序言，并作了详细注释。他记述的勾股定理的理论证明，将勾股定理表述为“勾股各自乘，并之，为弦实。开方除之，即弦”。证明方法叙述为“按弦图，又可以勾股相乘为朱实二，倍之为朱实四，以勾股之差自相乘为中黄实，加差实，亦成弦实”。这与刘徽在《九章算术注》中的阐述不谋而合。

出入相补原理是我国古代数学家们对数学学科的卓越贡献之一，它对数学的影响巨大，当之不愧为数学的基本原理。

点评

出入相补原理是很多数学家智慧的结晶，它的重大意义是无法用语言形容的，那就让实践来向我们说明吧！

斐波那契的数列

欧洲中世纪最著名的数学家之一列昂纳多·斐波那契，出生于意大利的比萨城。他的父亲是一名商人，这样的家庭背景可以说给斐波那契将来事业的发展提供了契机。

幼年时斐波那契就曾经与他的父亲一起去阿尔及利亚经商，这个契机使斐波那契有机会接触阿拉伯数学，并有幸在一位阿拉伯老师的指导下研究数学。他还曾在埃及、叙利亚、希腊、意大利的西西里岛和普罗旺斯研究数学，这些早年的游历对斐波那契最终成长为一位伟大的数学家有着不可言喻的帮助。此外，他还走遍了印度、法国。在游历这些地方的时候，斐波那契仍然表现出他对数学的执著和极大的热情，仍然注意研究、观察当地的数学资料。

斐波那契回国后便对他在各个国家搜集的珍贵资料进行整理、分析、研究，最终编撰成了对欧洲数学发展史有重大意义的《珠算原理》一书。这本书中有大量的代数问题及解答，斐波那契数列就是衍生于《珠算原理》中的这样一道题目：

有人把一对兔子放入一个四面被高墙围住的地方，假设每对兔子每月能生下一对小兔，而一对兔子在出生后第二个月就开始生小兔子，假如一年内没有发生死亡现象，请问：一年后应有多少对兔子？

按要求推算，在第一个月，有一对成年兔子，到了第二个月就有两对兔子，到第三个月，第一对兔子生下一对小兔，第二对已成年，因此有三对兔子，依次类推，这个问题的答案就是1，1，2，3，5，8，13，21，34，…一直排列下去。这就是著名的斐波那契数列——设斐波那契数列为 a_n，a_1 和 a_2 等于1，以后每项等于前两项之和，$a_n = a_{n-1} + a_{n-2}$。这也是第一个被欧洲人所知晓的斐波那契数列。

18世纪中期，格拉斯哥大学的数学家罗伯特·辛姆森又对斐波那契数列有了进一步的发展。他发现斐波那契数列与黄金分割数还有着密切的关系，即随着数字的增大，两数间的比值越来越接近黄金分割率，从而给斐波那契数列注入了新鲜的血液。

斐波那契数列在现代又有了广阔的发展空间，它在现代物理、化学等领域内都有直接的应用，电子计算机的编程语言中也应用了它。我们期待斐波那契数列能在这个信息时代给我们带来更多的惊喜。

点评

斐波那契做到了举一反三，并且将他所学到的知识融会贯通，发现了斐波那契数列。我们如果能做到应用它时也举一反三，那么或许会有意想不到的惊喜哟！

勾股定理

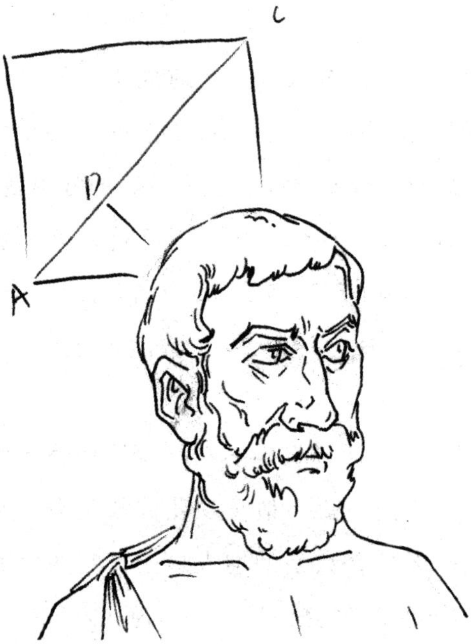

“勾三股四弦必五”，这个口诀在我国流传甚广，说的就是举世闻名的勾股定理。

勾股定理又称商高定理，西方将它称为毕达哥拉斯定理。勾股定理的内容是在直角三角形中，两直角边的平方和等于斜边的平方。这句看似简单的话，却凝聚了成百上千个数学家的心血。

人们对勾股定理的认识是一个循序渐进的过程。在现存的历史文献中，有很多关于勾股定理的记载。早在公元前 15 世纪，古埃及人就发现了这个玄妙的定理，这也是目前被认为是人类对“勾三股四弦五”的最早的发现。中国古代的数学家们也对勾股定理做过阐述。我国最早的一部数学著作《周髀算经》就是以勾股定理作为该书的开始。在公元前 11 世纪，周公与数学家商高在一起探讨直角三角形的问题时有过这样一段对话：

周公问：我听说您对数学非常精通，我想请教一下，世界上不存在能上得了天的梯子，我们也没办法用尺子去一段一段地丈量每一寸土地，那么请问，我们怎么样才能知道天和地离得有多远呢？

商高回答：数的产生来源于对方和圆这些形体的认识。其中有一条原理，当直角三角形“矩”得到的一条直角边“勾”等于 3，另一条直角边“股”等于 4 的时候，那么它的斜边“弦”就必定是 5。这个原理是大禹在治水的时候就总结出来的啊。

勾股定理是不是大禹治水时总结的，我们不得而知，但在这段话中显而易见的是我国早在公元前 11 世纪就已经发现并使用了勾股定理。

在西方，勾股定理是古希腊数学家毕达哥拉斯在公元前 5 世纪首先发现的，因此西方又将勾股定理称为毕达哥拉斯定理。但其实这个定理要早于这个时间被人们发现，这个时间实际上是毕达哥拉斯证明这个定理的时间，他是最早证明这个定理的人。关于他是如何证明这个定理的，现在已经无从考证了。我国古代也有数学家曾经尝试去证明它。三国时期的数学家赵爽就取得了重大收获，并由此开创了中国数形统一的先例。现在人们已经有了 400 多种方法来证明这个定理。

勾股定理虽然是一个古老的定理，但却始终散发着神奇的气息。人们在勾股定理的基础上又发展了很多重要的理论，其中包括开平方、开立方，用勾股定理求圆周率，等等。勾股定理一直以来吸引着中外数学家们的目光，可见它的独特魅力。

点评

勾股定理是个自然和谐之美的产物，数学家们对于勾股定理的发现和证明，在世界数学史上具有独特的贡献和地位。

哥尼斯堡七桥问题

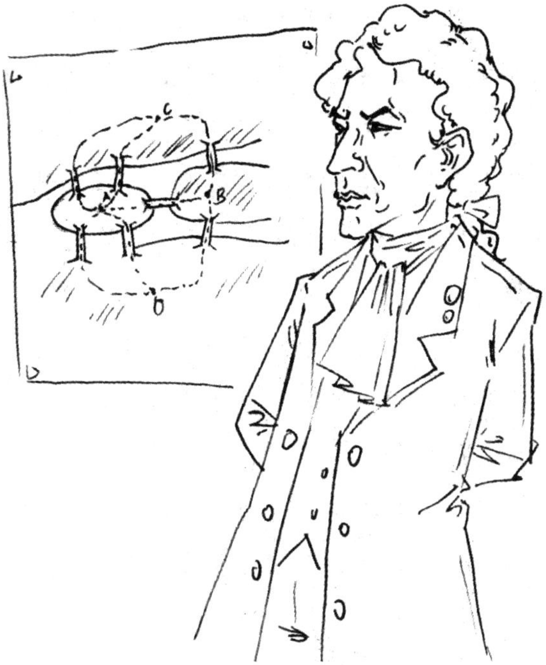

18 世纪，在东普鲁士（今俄罗斯加里宁格勒）有一座风光旖旎的城市，普莱格尔河在这个城市的中心缓缓流过，给这座城市更添了几分妩媚。普莱格尔河上有 7 座桥，将河中的两个岛和河岸连接在一起。这 7 座桥和普莱格尔河“珠联璧合”，成为人们休闲的好去处。

城市里的居民们经常漫步于河岸与这 7 座桥上，时间久了人们自然而然地想到这样一个问题：能不能每次每座桥只走一次，但又把每座桥都走遍呢？这就是举世闻名的“哥尼斯堡七桥问题”，一个著名的图论问题。

每个到这里散步的人都想试一试，可是这个看似简单的问题，却从没有人能按照规定走一遍。七桥问题困扰着很多人，在百思不得其解的情况下，有人将这个问题交给了著名的数学家欧拉，希望欧拉能揭开这个谜底。欧拉当时已经是著名的数学家了，他并没有因为这个问题看起来很市井就拒绝解决它，相反，欧拉对这个问题产生了浓厚的兴趣，并且凭借他的才智很快证明了这种走法根本不存在。

欧拉想，既然岛和岛是桥梁的连接地点，两岸陆地也是桥梁的连接地点，那么如果把图中被河隔开的陆地看成 4 个点，7 座桥就看成是 7 条连接这 4 个点的线；如果将 4 个点分别设为 A，B，C，D，那么“七桥问题”就等于一个笔画问题了。如果笔能够不离纸，一笔就能将这个图形画完整，就说明存在符合要求的路线。反之，则说明不存在这样一条路。

欧拉注意到，每个点如果有进去的边就必须有出来的边，从而每个点连接的边数必须有偶数个才能完成一笔画，而图上的每个点都连接着奇数条边，因此不可能一笔画出。这就说明不存在一次走遍七座桥，而每座桥只许通过一次的走法。

就这样，这个使很多人困惑的哥尼斯堡七桥问题被欧拉解决了。欧拉将岛、陆地的具体形象抽象化了，再将桥连成线，这样就把这个疑难问题转化成了点和线的问题。这种由具体转为抽象的研究方法，被人们称为图论研究。哥尼斯堡七桥问题就是这种研究的开端，同时它也为拓扑学的研究提供了一个初等的例子。欧拉超人的智慧也成就了他在数学史上的崇高地位，使他在数学史上名垂千古。

哥尼斯堡七桥问题的发现和解决都很具有戏剧性，好像人们在娱乐中将它发现，后来又在数学家的智慧下将它解决。哥尼斯堡七桥问题在不经意间带给了人们惊喜，正所谓生活中处处有惊喜，需要的是人们创新思维和严谨的态度。

点评

其实现实生活中有很多事物能够带给我们很多启示，它们在等待着细心和智慧的心灵来发现它们。

虚数

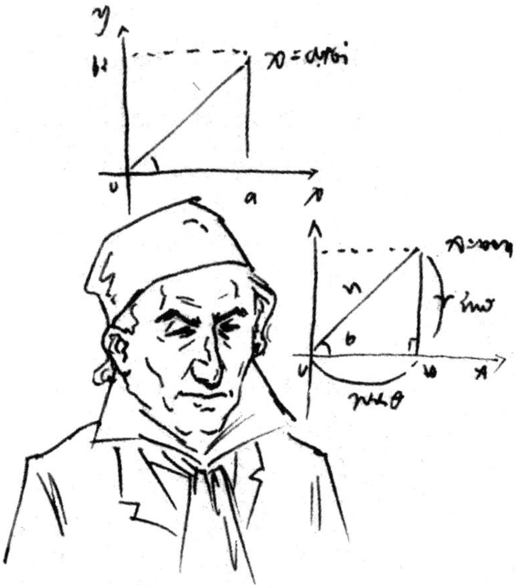

在开方的时候，被开方数一定要是非负数，这样它才有意义。当被开方数为负数时，在实数范围内无解，数学家们就把这种运算的结果叫作虚数。因为这样的运算在实数范围内无法解释，所以叫虚数。实数和虚数结合起来，$a+bi$ 就是复数。i 作为虚数的单位最早是由欧拉提出的，他是由“imaginary”（想象的、假想的）一词的第一个字母来作为虚数单位的。但是“实数”“虚数”这两个词是由法国数学家笛卡儿在 17 世纪 30 年代率先提出来的。

确定虚数作为数学领域中重要的数学概念的，并不是位数学家，而是挪威的一位测绘员威赛尔和巴黎的一位会计师阿尔干。这可以说是数学史上的一个典故了。然而，同许多新生事物一样，虚数的发展并不是一帆风顺的。

很长时间以来，人们一直认为负数没有平方根。甚至虚数从开始出现以后，经过了两个世纪，人们还是没有正式承认它的存在。直到意大利数学家卡尔丹率先承认了它的用处，虚数的用处才开始被人们了解。卡尔丹在他所著的《重要的艺术》一书中肯定了负数开平方的用处。但遗憾的是，当时人们并没有对负数进行深入的研究，更没有对负数开平方进行研究，人们对它的用处还处在一种几乎无知的境地，对它的认识还只是存在于表面。因此人们对这个“天外来客”有一种抵触的心理，就连伟大的数学家欧拉也没有承认它。

随着数学的发展，已有的有理数已经不能满足数学的发展需求，代数方程的求解问题在当时已无法解决。

直到16世纪，卡尔达诺做了第一个吃螃蟹的人。卡尔达诺在他的《大衍术》中第一次使用了负数开平方的概念，这是一个大胆的尝试，但是他仍然表示这个表达式是虚构的、想象的，学者们也都小心谨慎地运用它。

直到18世纪末，挪威的测绘员威赛尔给出了虚数的图像表示，用 $a+bi$ 表示平面上的点，这时虚数才开始在人们面前揭开神秘的面纱。他和巴黎的会计师阿尔干一起借助于17世纪法国数学家笛卡儿建立的平面坐标系，给复数做了能使数学界认同的几何解释。后来，高斯给直角坐标平面上的点和复数建立了一一对应的关系，虚数才广为人知。从此复数开始表示向量，在很多学科中发挥着它的功用。

虚数的出现，使无理数在有理数面前更加有底气，并且在虚数的基础上还引出了复数的概念。虚数其实很复杂，它的神秘面纱还没有完全揭开，它在等待人们对它进行进一步的研究。虚数的名字来源于人们的“顽固”，好在现在人们对虚数的应用不那么糊涂了，人们已经懂得了它的重要性。相信在未来，虚数将进一步发挥它神奇的、“虚幻”的作用。

点评

新事物的出现总是要经历一个曲折的过程。在最初认识虚数的时候人们也曾提出过质疑，然而实践是最好的证明。因此，我们在认识和判断事物的时候一定不要轻易地下定论。

二进制疑团

二进制究竟是谁发明的？随着计算机的普遍运用，这一问题几乎已经成为一个热点学术话题。

目前，对于这一问题的争论主要有两种：其中一种认为二进制是由德国伟大的数学家莱布尼茨发明的，而另一种观点则主张二进制来源于中国古老而神奇的《周易》。

首先我们先了解一下什么是二进制，它在现代社会中扮演着怎样的角色。

在所有的进位制中，最为大家所熟悉的要数十进制了，人们每天的生活都和十进制息息相关。古人们采用了各种进位制来使计数和运算更为方便，而十进制就是人们使用最广泛、最普遍的一种进位制。原因很简单，因为人有十个手指。所谓十进制就是每数到十进一位，那么二进制就是逢二进一了。其实，二进制也与我们的生活紧紧相连。现代社会已经越来越离不开电子计算机了，而在电子计算机中，信息、指令、状态都是用二进制数表示的，运算处理也是用二进制数进行的。

虽然十进制被人们广泛应用，但它并不是最科学、最合理的，因为古人发明和使用它是基于一种近乎本能的举动，而二进制则更显其方便、简约的优点。那么是谁最先洞察出二进制的优越性呢?两种主张的学者们各执己见，并展开了激烈的讨论。

数学史上明确记载，二进制的发现在17世纪中后期就已经被莱布尼茨完成了，而20多年以后他才看到伏羲六十四卦次序图和伏羲六十四卦方位图。这就是主张莱布尼茨是首先发明二进制的主要依据。这些学者们主要认为莱布尼茨是先发明了二进制后才见到伏羲六十四卦次序图和伏羲六十四卦方位图的，而《周易》中的这两幅图只不过是莱布尼茨用来解释二进制的。因此，二进制的发明理所应当是莱布尼茨的贡献。

而认为二进制是从中国走出去的学者们也有强大的证据做后盾。这种说法的主要依据是斯比塞尔的《中国文学》(或译为《论中国的宗教》)一书。在这本书中，作者有两个部分对《周易》做了阐述。更具有说服力的是斯比塞尔在这本书中把《周易》直接写成了二进制。这个提法在现有的文献资料中尚属首例，因此，一部分学者坚决认为二进制是我们中华民族的创造。

这个问题至今还没有一个定论，无论是支持莱布尼茨是二进制的发明者，还是坚守二进制是中国人成就的阵地，两者都有强有力的证据为自己的观点作证。看来这个问题的解决需要等待人们进一步的研究和新的发现。无论是谁首先发明了二进制，都不会影响到二进制是一种科学的、合理的进位制。它的本质永远都不会因为是谁先发现了它而有所改变。

点评

二进制的疑团还没有被解开，但是这并不重要，维纳斯女神的断臂也是一种缺陷美，我们何不让它保留它的神秘呢？

素数有多少

素数是这样的整数，它除了能表示为它自己和 1 的乘积以外，不能表示为任何其他两个整数的乘积。在自然数里，根据能否被 2 整除的性质，而分成偶数和奇数。一个大于 1 的数如除了 1 和它本身以外，再没有其他自然数能整除它，我们就称它为素数。

西方的数学家一般都认为希腊人是最早懂得素数的民族。可是，20 世纪末在非洲出土的一些 6 000 多年前非洲人的骨具，证明了希腊人并不是最早知道素数的民族。这个最新的发现使素数的发现变得扑朔迷离。2 000 年前的埃及有一个图书馆的管理员叫伊拉托斯丁纳，他是希腊学者，就是他发现了怎样找出素数的方法。为了纪念这位学者的贡献，后来人们将这种方法以他的名字命名为筛法，按照这种方法可以把素数从像沙子那么多的整数里筛出来。

我们在 1，2，3，4，…，N 中，将这数列中所有 2 的倍数画去，就发现在 2 之后第一个没被画去的数是 3，于是再将这数列中除了 3 之外画去所有 3 的倍数。按着在 3 之后第一个没有被画去的数目是 5，然后再画去除了 5 以外所有 5 的倍数。这样依次类推，在整数中将素数筛选出来。

早在 300 多年前，在欧几里得的《几何原本》一书里，欧几里得就介绍了素数的概念，并使用反证法很巧妙地证明了在自然数列里素数的个数是有无穷多个的。此后，许多数学家曾对这种素数进行研究，17 世纪的法国教士马丁·梅森是其中成果较为卓著的一位，因此后人将“2 的 n 次方减 1”形式的素数称为梅森素数。

数字越大越难发现它的素数，因此以前人们对素数的发现有很多的局限性。直到计算机的出现，才使素数的发现有了突飞猛进的发展，发现了有 79 位数字的更大素数 180×（2 127－1）＋1。时隔一年，又产生了新的最大的素数，是 22 281－1，有 687 位数。此后最大的素数每隔一段时间就要更新一次。

现在人们依然坚持着对最大素数的追寻，美国一家基金会还专门设立了 10 万美元的奖金，鼓励第一个找到超过千万位素数的人。和单纯地从科学角度出发来研究素数相比，好像现在的人们还增添了最大素数是谁的兴趣。

也许人们永远不会停止追寻素数的脚步，但这并不一定是为了奖金，也许，这只是单纯的人们对待科学的严谨的态度。

点评

人们有时候对科学是很执著的，就像对素数。持之以恒、坚持不懈这些精神都为人们研究科学提供了强大的精神动力。

集合论

集合论是数学的一个基本的分支学科，研究对象是一般集合。集合论在数学中占有一个独特的地位，它的基本概念已渗透到数学的所有领域。集合论是近代数学的基础之一。

集合论是德国著名数学家康托尔于19世纪末创立的。由于微积分的创立，许多问题亟待解决，集合论就是在这样的背景下产生、发展起来的。

康托尔提出了集合的概念，给出的定义是把若干确定的、有区别的（不论是具体的或抽象的）事物合并起来，看作一个整体，就称为一个集合，其中各事物称为该集合的元素。集合概念的提出为集合论的产生做了理论上的准备，有了集合才能使集合论在它的基础上产生。

无限集合的概念是困扰集合论的首要难题，也许正因为这样，古往今来的许多数学家和哲学家们都被这类集合吸引。例如亚里士多德，他一方面承认无限集合是确实存在的，另一方面却否认无限集合可以以一个固定实体的形式存在。亚里士多德对集合的理解对学术界产生了深刻的影响，2 000 年来数学的发展都多多少少地受到了他这种观念的影响。

在漫长的中世纪，哲学家们对于是否有无限集合的存在这个问题一直没有明确表明立场，而集合论的真正发展经历了两个阶段：20 世纪之前称为朴素集合论，之后产生了所谓公理集合论。

集合论的产生、发展并不是一帆风顺的。在集合论刚开始提出的时候，不但没有得到当时数学家们的支持与赞同，相反还遭到了猛烈的抨击。在重重重压之下，康托尔不堪重负，得了精神分裂症，几次游走在精神崩溃的边缘。20 多年后，集合论终于获得了世界的承认，它的价值开始在实际应用中得到体现。

按现代数学的观点，数学各分支的研究对象或者本身是带有某种特定结构的集合，如群、环、拓扑空间等，都是可以通过集合来定义的。从这个意义上说，集合论可以看作是整个现代数学的基础。

也有人说集合论是错误的理论，因为朴素集合论中出现了一些悖论，有些人认为这些悖论就证明了它是一种错误的理论，所以集合论（包括朴素集合论和各种公理集合论）是错误的理论。但是这并不影响康托尔集合论对数学做出的贡献。

现在距离康托尔提出集合论已经 100 多年了，事物都是不断地进步、发展的，集合论也有更新的发展，使它能够在数学的发展进程上继续引航。

点评

集合论的产生有着让人神伤的过程，康托尔在集合论的发展道路上做出了巨大的牺牲。科学有时候也是残酷的，更重要的是我们能够在错误中吸取教训，这样才能不断地进步。

运筹学

运筹学在英语里的原意是操作研究、作业研究、运用研究、作战研究，译作运筹学。中文的运筹则是来源于《史记》的“运筹于帷幄之中，决胜于千里之外”。

现在普遍认为，运筹学是近代应用数学的一个分支，主要是将生产、管理等事件中出现的一些带有普遍性的运筹问题加以提炼，然后利用数学方法进行解决。前者提供模型，后者提供理论和方法。有的学者把运筹学描述为就组织系统的各种经营做出决策的科学手段。

敌我双方交战，要克敌制胜就要在了解双方情况的基础上，做出最优的对付敌人的方法，这就是古代的运筹学，但现代意义上的运筹学则是在20世纪40年代才开始兴起的一门数学学科。

最初运筹学多运用于军事活动中能用数量表达的有关策划、管理发明的问题。著名的田忌赛马就是运用运筹学原理来策划、布局，从而取胜的。现在运筹学已经延伸到了社会生活的各个领域中，在我们的日常生活中，也经常可见运筹学的身影。

现代意义上的运筹学，是在第二次世界大战期间首先在英美两国发展起来的。经过近一个世纪的发展，现在运筹学已经发展成包括好几个分支的数学门类了。

关于运筹学还有一个生动有趣的故事——丁谓施工的故事。

宋真宗在位时，皇宫曾起火，大片的宫殿一夜之间变成了废墟。于是宋真宗派当时的晋国公丁谓主持修缮这些被焚毁的宫殿。

当时，要完成这项重大的建筑工程，面临着3个大问题：第一，需要把大量的废墟垃圾清理掉；第二，要运来大批木材和石料；第三，要运来大量新土。清除垃圾和运来建筑材料、新土，这些都要有大量的人力、物力来做保障，怎么样才能尽可能减少工程的成本呢？

丁谓仔细研究过后，终于得出了锦囊妙计：首先，从施工现场挖出一些大沟，把挖出来的土作为施工需要的新土备用，于是就解决了新土问题。第二步，从城外把汴水引入所挖的大沟中，这样就可以利用木排及船只运送木材、石料，解决了木材、石料的运输问题。最后，等到材料运输任务完成之后，再把沟中的水排掉，把工地上的垃圾填入沟内，使沟重新变为平地。这个方案，可谓是一石多鸟，节约了时间、成本、人力等。

运筹学对人们的生活有很多现实意义，具有化腐朽为神奇的力量。中国有句成语叫作“三思而后行”，人们往往为自己的鲁莽而付出代价，但是，如果做事之前仔细想想，不但可以避免不必要的损失，而且还可以得到意外的收获。

点评

运筹学对我们的日常生活有重大的指导意义，在时间就是生命的时代，懂得运筹学、懂得提高效率的方法无疑会赢得更多的机会和时间。

罗氏几何的创建

罗氏几何是指罗巴切夫斯基几何（又称双曲几何和黎曼椭圆几何），简称非欧几何。它与欧几里得几何（以下简称欧氏几何）最主要的区别在于公理体系中采用了不同的平行公理。

罗氏几何的平行公理是通过直线外一点至少有两条直线与已知直线平行，而黎曼几何的平行公理是同一平面上的任意两条直线一定相交。非欧几里得几何学（即非欧氏几何学）的创立，为数学的发展打开了另一扇门，它使数学界有了新的声音，从此不再是欧氏几何独占江山了。这也是近代后期数学中最为震撼人心的创举了。它对几何学的发展具有划时代的意义。非欧氏几何学使人们对几何学有了更加深入的了解与研究。

欧几里得的《几何原本》在西方世界成为除了《圣经》而流传最广的书籍，它一直是几何学的标准著作，尽管它还有许多不足之处。欧氏几何在大家心中就像是一条定理，早已深入人心，要想推翻欧氏几何而另立它说，可不是容易的事。

欧氏几何学的发现不是一个人的独家专利，而是三位，他们是高斯（德国）、罗巴切夫斯基（俄国）和波尔约（匈牙利）三位数学家。其中，罗巴切夫斯基和波尔约分别独立地创立非欧氏几何学，这是非欧氏几何创立的重要一步。

罗巴切夫斯基是在19世纪初开始研究欧几里得平行公理问题的。在19世纪20年代，罗巴切夫斯基与其他许多数学家一样试图证明欧几里得平行公理，后来，在经过大量的研究后，罗巴切夫斯基果断地放弃了这种想法。罗巴切夫斯基在一次学术报告会上宣读了他的关于非欧化几何学的论文——《几何学原理的扼要阐述，暨平行线定理的严格证明》，第一次公开了他推翻欧氏几何的理论。但是，人们接受新事物总是需要时间和反复的检验，这篇论文在当时并没有立刻产生轰动效应。3年后，罗巴切夫斯基再一次发表了有关这个重大发现的文章，这也是关于非欧氏几何学最早发表的文献。罗巴切夫斯基在这篇论文里在欧氏几何基础上建立了一个全新的几何体系，罗巴切夫斯基称之为虚几何学。

非欧氏几何对物理学在20世纪初所产生的关于空间和时间的物理观念的变革起到了作用，从根本上革新和拓展了人们对几何学观念的认识，对几何学的发展也有着不可言喻的贡献。

罗巴切夫斯基勇于向传统说不，他的成功取决于他的这份自信。如果当初他没有坚持他的理念，而是拘泥于传统的理论，那么非欧氏几何也许就不会叫作“罗氏几何”了。

点评

向权威说“不”，并不是每个人都有这样的勇气和魄力，但是在学习的过程中，我们需要敢于质疑和提出问题。

数——从何而来

所谓数学，单从字面上理解，指的自然是研究“数”的科学。数可以说是数学最最根本、最最基础的单元了。在人类进化的过程中，从没有数到有数，数又从 1，2，3 发展到了成百上千，后来又产生了数学这门专门研究数的学科。这个过程见证着人类逐渐进步、逐渐高级的过程。

数是人们在生产实践的过程中慢慢产生的。很久很久以前，人类的祖先伴随着漫长的生产与生活实践，大脑也逐渐发达起来，客观世界在人类的脑中也渐渐变得越来越清晰，于是便产生了语言等。在原始社会，狩猎回来后，有了“有”与“无”的概念，久而久之，人类的意识中就有了关于“数”的朦胧认识。数是我们的先人在长期与大自然的对抗中得到的，不是人们先天具有的能力，更不是“万能”的上帝创造的。

数最开始只有“一”“二”“三”“多”4种表述，这一点从各种文字的写法中也可见端倪。正如老子在《道德经》中所说的：“一生二，二生三，三生万物。”三以后的数都是根据前3个数派生出来的，是在后来的人类进程中慢慢出现的。

在文字产生之前，“结绳记事”是古人类纪录日期、时间和数量等的古老方法，许多地区的古人类都不约而同地使用过这种方法。现如今，仍然有某些原始地区保留着“结绳记事”。“结绳记事”可以用来记数，但用它来计算就不方便了。用石子记数弥补了这个不足，这种记述方法几乎是每个民族都曾经使用过的。在中国的古籍文献中，有很多关于结绳记事的记载。公元前战国时期的著作《周易·系辞下传》中说：“上古结绳而治，后世圣人易之以书契。”汉朝人郑玄，在其《周易注》中也说：“古者无文字，结绳为约，事大，大结其绳；事小，小结其绳。”李鼎祚《周易集解》引《九家易》中也说：“古者无文字，其有约誓之事，事大，大其绳，事小，小其绳，结之多少，随物众寡，执以相考，亦足以相治也。”

此外，用利器在树皮上或兽皮上刻痕，或用小棍摆在地上记数也都是古人常用的办法。用小石子记数也是早期人类常用的记数方法。

在我国古代，甲骨文和钟鼎中就有了记数的符号，不过由于难写难认，后人没有沿用。到春秋战国时期，古人创造了一种十分重要的计算方法——筹算。筹算用的是竹制的小棍，也有骨制的，按规定的横竖、长短顺序摆好，就可用来记数和进行运算。后来筹算的摆法成为记数的符号。

正是由于有了记数，我们赢得了用数来表达我们对宇宙的惊人成就，由数而衍生的数学才得以为人类对世界的探索提供依据。

点评

所谓数学自然离不开数，数是祖先们在生产、生活中慢慢开始使用的。当然，人们的生活离不开数，更离不开数学。

几何学中的珍宝——黄金分割点

自然界有一个奇妙的小数，那就是黄金分割数——0.618。千百年来，无数的人痴迷于它，不仅仅是数学家，还有艺术家、美学家、建筑师等都在追随着它。

教科书上对黄金分割点是这样定义的：在线段 AB 上，若要找出黄金分割的位置，可以设分割点为 G，则点 G 的位置符合以下特性：

$$AB : AG = AG : GB$$

设 $AB = 1$，$AG = x$，则

$$1 : x = x : (1 - x)$$

即

$$x^2 = 1 - x$$

解后舍去负值，得

$$x \approx 0.618$$

求得黄金分割点的位置为线段长的 0.618。

黄金分割点是古希腊的著名哲学家、数学家毕达哥拉斯发现的，距今已经有2 000多年的历史了。这个被后人奉为科学和美学的金科玉律的黄金分割率，在众多领域中都有应用，并散发着它无穷的魅力和神奇的气息。

黄金分割点被广泛地应用于建筑设计、美术和艺术等方面，就连五角星的各边也是按照黄金分割点画的。古希腊的哲学家柏拉图称0.618为黄金分割率，奇妙的黄金分割率能使运用它的建筑物、家具和艺术作品等成为最和谐、最美的作品。更有趣的是这个神秘的数字在人体上也有体现，就连女生爱穿高跟鞋也和它有不谋而合之处。

人的身高与人的头到肚脐的高度的比，恰恰就是1∶0.618；心脏中心也位于胸腔的黄金分割点上；眼睛在脸部的黄金分割点上；整个脊柱高度的0.618处是胸与腰的分界处；从肩到中指指间的0.618处是肘关节；肘关节到中指指间的0.618处又是腕关节；从膝盖到足间的0.618处是踝关节。这一切都是如此让人惊奇。

黄金分割点与战争也有着不解之缘，很多兵器都是按照黄金分割点制造的。它体现在武器和一场战争布阵上，这不仅仅是偶然。如果将一个个偶然联系起来，就会发现，它是具有普遍性的。一代天骄成吉思汗就在运用黄金分割点排兵布阵，在指挥战斗上屡试不爽，使他的军队所向披靡。

从古到今，黄金分割点总能带给我们无限的惊喜与迷惑，这也正是它的魅力所在。它无处不在，却又让人难以琢磨。

黄金分割点的存在似乎是个极大的巧合，它总是出现在意想不到却又至关重要的位置，它的存在又为大自然增添了一抹神秘而又令人诧异的色彩。

点评

“巧合”的黄金分割点使我们的世界变得和谐、美丽，发现并利用它，让它把我们所生活的世界变得更加和谐、美满吧！

忘了始祖的阿拉伯数字

阿拉伯数字可能是很多人最先接触并且学会的数字。我们牙牙学语的时候，爸爸妈妈总是不厌其烦地教我们数数字。可是，阿拉伯数字究竟从何而来？它真的来自古代的阿拉伯吗？为什么它能成为世界上通用的数字符号呢？

其实，阿拉伯数字并不是阿拉伯人创造的，而是来自印度。它们是印度人在生产和实践中逐渐发明的。那为什么人们称它为阿拉伯数字呢？这源于一个误会。古代的印度人创造了阿拉伯数字后，大约在公元 7 世纪的时候，这些数字又传到了阿拉伯地区。后来又由阿拉伯人传到了欧洲，欧洲人便误以为这些数字是由阿拉伯人发明的，便把它们叫作阿拉伯数字。就这样叫着叫着流传久了，人们叫得顺口了，便约定俗成，都叫它阿拉伯数字了。直到今天，人们依然这么叫它。

后来，这些数字又陆续传到了世界各国。阿拉伯数字传入我国，大约是在13—14世纪，由于我国古代也有一种数字，叫作“筹码”，写起来也比较方便，所以阿拉伯数字当时在我国并没有得到广泛的流传与应用。后来，阿拉伯数字又有了更大的改进。随着我国数学的全面衰弱，以及对外国数学成就的吸收和引进，阿拉伯数字才逐渐被国人接受。阿拉伯数字在我国推广使用的历史才100多年。

世界上每一种文明，如古埃及文化、古巴比伦文化、中国文化，等等，都有自己的数字去表达计算的方法及多少，那么，印度人创造的阿拉伯数字究竟为什么让全球的人们“折服”呢？

13世纪时，意大利数学家斐波那契创作了《算盘书》一书，这本书对阿拉伯数字做了全面的介绍。在《算盘书》的第一部分，斐波那契首先介绍了阿拉伯数字，向人们阐述了利用它们记数的方便之处，还用了大量的举例说明，如给出了整数四则运算的方法、引入分数及其运算方法等。正是这本书使人们认识了阿拉伯数字，并拉开了阿拉伯数字一统天下的序幕。

0，1，2，3，4，5，6，7，8，9，仔细观察这些数字就不难发现，这些数字笔画简单，书写方便，外形容易分辨且美观，容易记忆。阿拉伯数字被世界接受是离不开这些要素的。这也是天文学家埃伯大力推荐它的原因之一。

阿拉伯数字对人类进步起了极其重要的影响，在世界各地，阿拉伯数字有着不同的读法，但是它的用途在哪都是相同的，人们都是运用它记数、计算等。如今，阿拉伯数字已经是世界上通用的数字符号了。

点评

印度人把他们创造的数字毫无保留地献给了全世界，全世界也用阿拉伯数字为一代代的子孙造福，从未停歇。

探寻π的发现旅程

偶然往往会给我们带来无限的惊喜，从古到今，此类事情层出不穷。例如，英国的细菌学家弗莱明没有倒掉已经被污染了的细菌，仔细观察后竟然发现了他苦苦寻觅很久的青霉素。当然了，有句话我们要时刻牢记，就是“机会只光临有准备的人”。圆周率π的发现有着和青霉素的发现相似的经历。

π又名环率、圆率、祖率等，在国外被称为鲁道夫数。圆周率即圆的周长与其直径的比，通常用π来表示。古今中外，无数的数学家为了求算圆周率的近似值倾注了自己的全部时间与精力，进行了他们伟大而漫长的探寻圆周率的旅程。

其实早在4 000年前就已经发现了圆周率，但遗憾的是，其发现者现在已经无法考证了。最早有文字记载的圆周率，是公元前16世纪，埃及的《兰德纸草书》中提出π＝3.160 4。最先给出圆周率

$\pi\approx3.14$的科学家是古希腊的阿基米德，大约于公元前240年得出，这是人类对求圆周率第一次的科学尝试。刘徽是我国古代对如何求圆周率的近似值进行系统尝试的第一人。他个人所创造的“割圆术”系统，严密地求得了圆周率的近似值。

历史上一个国家所算得的圆周率的准确程度可以作为衡量这个国家当时数学发展水平的一个标志。我国的数学家祖冲之对圆周率的贡献是家喻户晓的，当时，祖冲之算出圆周率小数点后第7位，是世界第一，并且保持了1 000年。1 000年以后的公元15世纪，阿拉伯的数学家阿尔·卡西得算出了小数点后的第16位。到了16世纪末，小数点后的第35位由荷兰数学家鲁道夫得出。到了现代社会，人们有了更加先进的计算仪器，从而使对圆周率的计算有了突飞猛进的发展。20世纪末，人们用计算机算出了小数点后的第4.8亿位。21世纪初，圆周率的第12 411亿位在日本东京大学诞生了。

圆周率是个神秘的数字，无数的数学家被它吸引。直到今天，人们依然怀着极大的热情追寻着圆周率后面那些耐人寻味的数字。当然，它的魅力还不仅这些，它还让很多人痴迷于记住它，但要想背诵圆周率可不是容易的事。关于圆周率的背诵，还有个有趣的故事。

从前有一位教书先生，大家都知道他的记忆力很好，这位先生还很喜欢饮酒，就经常与山上的一位和尚一起喝酒聊天。和尚只听说先生记忆力惊人，但是并没有亲眼见过，心中存有疑虑，很想考考先生，于是出题让先生背圆周率小数点后的22位数字。他说：“我先念3遍，先生如能马上背出，我愿罚酒30杯。”圆周率可不是普通的数，要马上背出谈何容易。但先生技高一筹，他用谐音的方法很快就记住了，并编了一首打油诗：“山巅一寺一壶酒，尔乐苦煞吾，把酒吃，酒杀尔，杀不死，乐尔乐。”（3.141 592 653 589 793 238 462 6）

这就是圆周率发展的大致历程，现在非常精确的圆周率只用于计算机。至今圆周率仍然留给我们很多未知的东西，留给后来人许多发展的空间，相信在不久的将来，人们在圆周率的领域中会有更大的突破。

点评

我们的祖国对圆周率的发展有着突出的贡献，但人们探寻圆周率的脚步并没有停下，探寻圆周率的旅程依然在进行。

代数学的问世

代数学是数学的一个重要分支，也是数学学科的奠基石之一，它的出现对数学发展发挥了巨大的推动作用。

代数学的发展是从一般到特殊的过程，人们在经历了漫长的时间洗礼后才创造了代数学。算术学是数学最根本的基础，一切数学分支都是在算术学的基石上发展起来的，代数学自然也遵循着这一规律。今天的数学，符号几乎成了数学的主旋律，任何分支学科都大量地运用数学符号，数学运算中的抽象运算对符号的需要使符号的出现成了一种必然，代数学就是这样被孕育出来的。

关于代数学是什么时候产生的，学术界说法不一，这主要是由于人们判断的标准不同造成的。17 世纪，算术学有大量的问题不能得到解决，人们开始慢慢地在运算中使用一些符号，代数学便应运而生了。

代数学的产生不是一个人的发明创造，历史上很多国家都为代数学的产生做出了自己的努力，因此代数学在一定程度上可以说是人类在不经意间达成的共识。但是在众多的国家中，阿拉伯数学家做了发现代数学的先锋，花拉子米就是里面最杰出的一位，他为代数学的问世做了突出的贡献。

其实，最初的代数学并不是由符号来代替数字的，而是由文字来代替，但在实际运用过程中，文字的表述给运算带来的不便也慢慢显露出来，于是人们另辟蹊径，转而使用字母。公元前 3 世纪的古希腊数学家丢番图在他的著作《算术》中最早使用了字母，这是文献资料中所见的最早使用字母来运算的著作。因此，丢番图也被数学界奉为代数学的鼻祖。此外，韦达也做出过重要的贡献。公元 820 年左右，花拉子米著《代数学》一书，从此，代数学被逐渐慢慢流传、推广。

初等代数以解方程和方程组为中心内容，因此，初等代数学长时间被人们理解为解方程的数学。现在初等代数已经演变成高等数学了。

“代数”一词真正出现在我国已经是清末了。近代著名数学家李善兰将“代数”一词引入中国，但是我国对代数学的研究却有着悠久的历史。我国古代著名的数学巨著《九章算术》已经有了关于代数学内容的记载。在宋元时期，宋元四杰之一的李冶发明了天元术，从此，中国的人们将数学中的未知数用元来表示。

代数学的出现使数学更加进步了，很多疑难问题随着它的出现迎刃而解，给当时的数学打开了局面，数学家们对代数学的产生都有着极高的评价。

代数学的发展经历了许多个阶段，从文字到字母又到各种符号，后来发展为数学的一个重要部分。因此，学好代数学对于培养我们的数学素养有着重要的意义。

点评

代数学的发展经历了漫长的岁月，它的出现和发展都影响着整个数学学科的发展，可见它问世的重要意义了。

数学好伙伴——亲和数

友情真是有着无穷的号召力和影响力，它甚至超越了人和人之间的界限，连自然界中也有友情的存在。我们经常看见两棵树的根部紧紧相连，表现得亲密无间；北燕南飞要成群结队，团结友爱，共度艰难困苦。数学中也有友情，某些数字之间有着某种特殊的、天然的亲和，人们将这些数字叫作亲和数。

所谓亲和数是指具有这样关系的两个数字，每个数的真因子之和都恰好等于另一个数。亲和数和人们是老朋友了，很久以前人们就发现了它们。世界上第一对被人们发现的亲和数是 220 和 284，它最早出现在公元 4 世纪，新柏拉图哲学家亚姆利康的书中，首次记载了这对数。而亲和数这个概念是在公元前 5 世纪的时候才开始被人们使用的，是古希腊数学家毕达哥拉斯最先引用的。

古希腊数学家毕达哥拉斯在研究中发现，220 的所有真因数 1，

2，4，5，10，11，20，22，44，55，110，其和是 284；而 284 的所有真因数 1，2，4，71，142，其和又恰是 220。它们之间的这种特殊的关系只是一种巧合吗，还是“小荷才露尖尖角”呢？

“数为物源”，毕达哥拉斯对此深信不疑，这也是毕达哥拉斯学派的信条。但是他的一位学生对“数为物源”提出了质疑，这一信条是否就是真理呢？于是他就向毕达哥拉斯提出了疑问：“既然说‘数为物源’，那么世界上所有的事就都是数字决定的吗？那我结交朋友时，数字又起了什么作用呢？”毕达哥拉斯做出了近乎完美的回答，捍卫了他一生所深信不疑的信条，他回答：“朋友是你灵魂的倩影，就像 220 和 284 一样亲密。”这就是有关亲和数名称的由来。后来，毕氏学派宣传：人之间讲友谊，数之间也有“相亲相爱”，就是出于这个典故。

可惜毕达哥拉斯并没有如愿以偿地发现第二对亲和数。2 000 年以后，法国的费马和笛卡儿发现了第二对亲和数 17 296 和 18 416。在这期间，无数的数学家为了寻找出第二对亲和数苦思冥想，从没停止过对第二对亲和数的寻找。数海无边，要找出亲和数谈何容易，有些数学家甚至穷其一生，但是都没有获得结果。

由于对亲和数的寻找始终没有结果，人们开始怀疑是不是在自然数中只存在那一对亲和数，有些人捕风捉影，甚至给亲和数戴上了迷信的帽子。好在费马和笛卡儿及时发现了第二对亲和数，捍卫了科学的严肃性，在亲和数发现的历程上划破了沉寂的夜空。笛卡儿和费马凭借他们天生对数字的敏感和坚持不懈的努力，在短短的两年内就得出了第二对亲和数，人们又重新燃起了希望之火，后来的数学家欧拉一下就给出了 30 对亲和数。

目前，人们还没有找到能够普遍寻找到亲和数的公式。计算机的问世使寻找亲和数变得简单明了了，但是，即使是计算机也没有突破长久以来的局限。在未来的漫长旅途中，我们的数学家会不会给我们带来惊喜呢？让我们拭目以待吧！

点评

即使困难重重，人们依然勇敢地找寻着亲和数，最终走出了阴影。让这种精神勉励我们继续下去吧！

物不知其数的问题

战神如果是个数学家，那他取胜的几率就会大增。从人类早期的战争开始，数学就无所不在，不论是发射弩箭还是挖掘地道攻城，数学定律就像冥冥之中的命运之神一样在起着作用。

秦王暗点兵和韩信乱点兵是我国古代的军事智慧，但其实都是后人对“物不知其数”问题的一种故事化。

“物不知其数”问题出自 1 600 年前我国古代数学名著《孙子算经》。原题为“今有物不知其数，三三数之二，五五数之三，七七数之二，问物几何?”

这道题的意思是有一批物品，不知道有几件，如果三件三件地数，就会剩下两件；如果五件五件地数，就会剩下三件；如果七件七件地数，就会剩下两件。问：这批物品共有多少件？

如变成一个纯粹的数学问题就是有一个数，用 3 除余 2，用 5 除余 3，用 7 除余 2。求这个数。

其实这个问题很简单：因为用 3 除余 2，用 7 除余 2，所以用 3 与 7 的最小公倍数 21 除也余 2，用 21 除余 2 的数我们首先就会想到 23，而 23 恰好被 5 除余 3。因此，23 就是本题的一个答案。

这个问题之所以简单，是由于有被 3 除和被 7 除余数相同这个特殊性。如果没有这个特殊性，问题就不那么简单了，就会更有趣儿得多。

我们换一个例子：韩信点一队士兵的人数，三人一组余两人，五人一组余三人，七人一组余四人。问：这队士兵至少有多少人？

这个题目是要求出一个正数，使之用 3 除余 2，用 5 除余 3，用 7 除余 4，而且希望所求出的数尽可能地小。

我们举例加以细致分析：

例如，我们从用 3 除余 2 这个条件开始。满足这个条件的数是 $3n+2$，其中 n 是非负整数。

要使 $3n+2$ 还要满足用 5 除余 3 的条件，可以把 n 分别用 1，2，3，…代入来试。当 $n=1$ 时，$3n+2=5$，5 除以 5 得 1，不合题意；当 $n=2$ 时，$3n+2=8$，8 除以 5 正好余 3，可见 8 这个数同时满足用 3 除余 2 和用 5 除余 3 这两个条件。

最后一个条件是用 7 除余 4，8 不满足这个条件，不合题意。因此，我们要在 8 的基础上得到一个数，使之同时满足 3 个条件。

为此，我们想到，可以使新数等于 8 与 3 和 5 的一个倍数的和。因为 8 加上 3 与 5 的任何整数倍所得之和除以 3 仍然余 2，除以 5 仍然余 3。于是我们让新数为 $8+15m$，分别把 $m=1$，2，…代进去试。当试到 $m=3$ 时，得到新数为 53，53 除以 7 恰好余 4，满足所有条件，因此 53 就是本题的唯一答案。

我国古代学者早就研究过这个问题。例如，明朝数学家程大位在他著的《算法统宗》(1593 年) 中就用四句很通俗的口诀暗示了此题的解法：

三人同行七十稀，
五树梅花廿一枝，
七子团圆正半月，
除百零五便得知。

“正半月”暗指 15。“除百零五”的原意是，当所得的数比 105 大时，就 105，105 地往下减，使之小于 105。相当于用 105 去除，求出余数。

这四句口诀暗示的意思是当除数分别是 3，5，7 时，用 70 乘以用 3 除的余数，用 21 乘以用 5 除的余数，用 15 乘以用 7 除的余数，然后把这 3 个乘积相加。加得的结果如果比 105 大，就除以 105，所得的余数就是满足题目要求的最小正整数解。

按这四句口诀暗示的方法计算韩信点的这队士兵的人数可得

$$70\times2+21\times3+15\times4=263$$

$$263=2\times105+53$$

因此，这队士兵至少有 53 人。

在这种方法里，我们看到，70，21，15 这 3 个数很重要，稍加研究，就可以发现它们的特点：

(1) 70 是 5 与 7 的倍数，用 3 除余 1；

(2) 21 是 3 与 7 的倍数，用 5 除余 1；

(3) 15 是 3 与 5 的倍数，用 7 除余 1。

因此，可知：

(1) 70×2 是 5 与 7 的倍数，用 3 除余 2；

(2) 21×3 是 3 与 7 的倍数，用 5 除余 3；

(3) 15×4 是 3 与 5 的倍数，用 7 除余 4。

如果一个数用 a 除余数为 b，那么给这个数加上 a 的一个倍数以

后再除以 a，余数仍然是 b。因此，把 70×2，21×3 与 15×4 相加起来所得的结果能同时满足“用 3 除余 2、用 5 除余 3、用 7 除余 4”的要求。

一般地，$70m+21n+15k$（$1\leqslant m<3$，$1\leqslant n<5$，$1\leqslant k<7$）能同时满足“用 3 除余 m、用 5 除余 n、用 7 除余 k”的要求。除以 105 取余数，是为了求合乎题意的最小正整数解。

凡是 3 个除数两两互质的情况，都可以用上面的方法求解。

上面的方法所依据的理论，在中国称之为“孙子定理”，国外的书籍称之为“中国剩余定理”。

点评

在古代战争的智谋当中也包含着数学原理，数学真的是无处不在啊！

数学家的故事

数学家中的圣贤——泰勒斯

泰勒斯，古希腊第一个具有世界声誉的学者，西方理性数学的倡导者，公认的希腊哲学家的鼻祖。泰勒斯享有崇高的声望，被尊为“希腊七贤之首”。此外，泰勒斯还具有“科学之父”的美称。

泰勒斯出身于小亚细亚的米利都城的一个奴隶主贵族家庭。他的家庭显贵、生活富有，但是他对此不屑一顾。泰勒斯把全部精力都用于从事哲学与科学的研究上。年轻时，他四处游学，曾在金字塔之国——埃及——学会了天文观测、几何测量，也曾在东方的巴比伦学到了光辉灿烂的文化。回到家乡米利都后，泰勒斯创立了爱奥尼亚哲学学派。他摆脱了宗教，否认神是世界的主宰。他认为处处有生命和运动，并以水为万物的根源。泰勒斯有句名言："水是万物之本源，万物终归于水。"他否定了神创造一切的观点，具有朴素的唯物主义思想。后来，爱奥尼亚哲学学派成为古希腊著名的七大学派之首。

泰勒斯在数学方面曾发现了不少平面几何学的定理，如"直径平分圆周""三角形两等边对等角""两条直线相交，对顶角相等""三角形两角及其夹边已知，此三角形完全确定"等。泰勒斯把它们整理成一般性的命题，论证了它们的严密性，并在实践中广泛应用。他在埃及的时候，应用相似三角形原理，推算、测出了金字塔的高度，使得埃及第二十六朝法老阿美西斯非常惊讶。

在科学上，他倡导理性，是理性数学的开拓者之一。他不满足于直观的、感性的、特殊的认识，崇尚抽象的、理性的、一般的知识。譬如，直径平分圆周并不是指我们所能画出的、个别的圆，而应该是指"所有的"圆的直径都平分圆周。这就需要论证、推理，才能得出一般性的原理，使一般性的原理可以普遍应用于实际问题。泰勒斯的积极倡导，为毕达哥拉斯创立理性的数学奠定了基础。

泰勒斯对于天文也很精通。据说在他的家乡附近曾有两个国家：美地亚国和吕地亚国。有一年，两国发生了激烈的战争，横尸遍野，哀声载道，百姓们生活在水深火热之中。战争连续 5 年未见胜负，继续下去，双方都损失惨重。泰勒斯预先知道有日食要发生，便说上天反对战争，某月某日将大怒，太阳将消逝，人类将被惩罚。到了那一天，两军正在酣战不停，突然黑夜降临，夺走了太阳的光辉。鸟儿归巢，星辰显现。双方将士见此景象，怕太阳神真的发怒了，要降罪于人类，于是立即停止战争，从此放下兵器，和睦相处。后来两国还互通婚姻。

另据传说，泰勒斯醉心于钻研哲学与科学，因而清贫，为此遭到别人的嘲笑。他不以为然地说：君子爱财，取之有道。他在对气候预测的基础上，估计来年油料作物会大丰收，于是垄断了米利都和开奥斯两地的所有油坊，到季节以高价出租。他让嘲笑他的人知道，知识就是财富。

泰勒斯的墓碑上镌刻着这样的颂辞："他是一位圣贤，又是一位天文学家，在日月星辰的王国里，他顶天立地、万古流芳。"

点评

具有朴素的唯物主义思想的泰勒斯，是理性数学的开拓者。他不仅是古希腊数学、天文、哲学之父，而且也是一位圣贤。泰勒斯被誉为"世界级的大师"是当之无愧的。

“勾股定理”与毕达哥拉斯

毕达哥拉斯，古希腊哲学家、数学家、天文学家。毕达哥拉斯以发现勾股定理（西方称为毕达哥拉斯定理）而著名，其实这一定理早已为巴比伦人和中国人所知，但最早的证明可归功于毕达哥拉斯学派。

毕达哥拉斯生于小亚细亚西岸的萨摩斯岛。他自幼聪明好学，曾在名师门下学习几何学、自然科学和哲学。以后因为向往东方的智慧，经过万水千山来到巴比伦、印度和埃及，吸收了阿拉伯文明和印度文明，甚至中国文明的丰富营养。后来，他又迁居意大利南部的克罗通，创建了一个政治、宗教、数学合一的秘密团体——毕达哥拉斯学派。毕达哥拉斯学派很重视数学，企图用数学来解释一切。后来由于在政治斗争中遭受破坏，毕达哥拉斯逃到特伦顿，不幸被杀害，终年 80 岁。他死后，他的学派还继续存在了两个世纪之久。

毕达哥拉斯本人发现了人所共知的“勾股定理”，据说他兴奋得难以言表，还特地宰杀了100头牛来祭祀掌管文艺、科学的女神——缪斯女神。有学者认为他的证明是从研究垛积数的关系得到的，可惜证明方法已经失传。现在的证明方法是后来的欧几里得给出的。

毕达哥拉斯学派的特点是将算术与几何紧密相连。例如，他们发现了直角三角形三边用整数表示的公式：$2n+1$，$2n(n+1)$，$2n(n+1)+1$。他们还将自然数分成许多类型：奇数、偶数，素数、合数，完全数，亲和数，三角数，五角数，平方数，等等。他们还发现了连续奇数与平方数之间的关系$1+3+5+7+\cdots+(2n-1)=n^2$。毕达哥拉斯学派的一个重要发现是根据勾股定理引出了无理数的出现。在几何学方面，毕达哥拉斯学派证明了“三角形内角之和等于两个直角”的论断，研究了黄金分割，发现了正五角形和相似多边形的作法，还证明了正多面体只有5种——正四面体、正六面体、正八面体、正十二面体和正二十面体。

有一次，毕达哥拉斯应邀参加一位富有政要的餐会。这位主人豪华宫殿般的餐厅铺着美丽的正方形大理石地砖。这位善于观察和理解的数学家把注意力放在了脚下，他凝视脚下这些排列规则、美丽的方形地砖。毕达哥拉斯其实并不是在欣赏地砖的美丽，而是在想它们和“数”之间的关系。于是他拿了笔，蹲在地板上，选了一块地砖，以它的对角线为边画一个正方形，他发现这个正方形面积恰好等于两块地砖的面积和。他的好奇心使他顾及不到场合和别人异样的眼光，继续蹲在地上研究。

毕达哥拉斯再以两块地砖拼成的矩形之对角线作另一个正方形，他发现这个正方形的面积等于5块地砖的面积，至此毕达哥拉斯做了大胆的假设：任何直角三角形，其斜边的平方恰好等于另两边平方之和。那一顿饭，这位古希腊数学大师，视线一直都没有离开地面。

后来，毕达哥拉斯经过细心琢磨，潜心钻研，终于证实了一个震撼全世界的数学定理。为此，他欣喜若狂，连声喊道：“我得到了！我得到了！我得到了世界上最最伟大的数学定理!”

毕达哥拉斯学派认为数最崇高，最神秘。他们所讲的数是指整数。“数即万物”，也就是说宇宙间各种关系都可以用整数或整数之比来表达。但是，有一个名叫希巴斯的学生发现，边长为 1 的正方形，它的对角线（$\sqrt{2}$）却不能用整数之比来表达。这就触犯了这个学派的信条，于是毕达哥拉斯规定了一条纪律：谁都不准泄露存在$\sqrt{2}$的秘密。但$\sqrt{2}$很快就引起了数学思想的大革命，科学史上把这件事称为“第一次数学危机”。

可惜，朝气蓬勃的毕达哥拉斯，到了晚年，不仅学术上趋向保守，而且政治上也反对新生事物，最后死于非命。但是他为数学的发展所做的贡献至今仍被人们称颂。

点评

毕达哥拉斯对数学领域所做的贡献是划时代的，他对数学的执著追求也非常值得我们学习。尽管他也曾有错误，但也无法动摇他在数学史上的地位。

几何之父——欧几里得

欧几里得，古希腊数学家。他出生于雅典，从小就接受希腊古典文化的熏陶。他对数学及各种科学文化十分感兴趣，并致力于数学的研究，30 岁就成了有名的学者。当时，埃及国王曾邀请他到亚历山大城（当时的“智慧之都”），一边教学，一边从事研究。

古希腊历史文化悠久，积累起来的几何学知识既丰富又庞杂，散见于各个著作中，但都是分别讨论某一方面的问题，内容不够系统。欧几里得吸取了前人的成果，采用前所未有的独特编写方式，完成了《几何原本》这部巨著。

《几何原本》问世后，它的手抄本流传了 1 800 多年。15 世纪末期印刷发行以后，重印了 1 000 多版次，还被译为世界各主要语种，传于各国。

他的著作除《几何原本》外，还有不少，可惜大都失传，《已知数》《圆形的分割》是仅保存下来的著作。

欧几里得善于用简单的方法解决复杂的问题。当时，测量金字塔的高度是无人能解的难题。许多学者试图攻破这道难题，但是都失败了。欧几里得想到，在人的身影与身高正好相等的时刻，也是金字塔影的长度与金字塔的高度相等的时候。于是他用这个办法，量出金字塔影的长度，他说："此时塔影的长度就是金字塔的高度。"他的方法一提出来，就引起人们极大的兴趣，大家都佩服他的聪明才智。他的方法简单易行，后来被广泛采用，测量其他高的建筑物。

欧几里得虽然提倡用简捷的方法解决问题，但是欧几里得也是一位治学严谨的学者。他对待学问一丝不苟，每次都进行充分、严密的推理论证。他反对在做学问时投机取巧和追求名利，反对急功近利的作风。

欧几里得培养过许多学生，其中有一个特别的人物——希腊国王托勒密。

托勒密有一天忽然心血来潮想学一点儿什么东西。当时，欧几里得已是一位十分著名的科学家了。托勒密觉得几何是有趣的东西，于是他决定把欧几里得请来，拜他为师，学习一点几何知识。

接到国王召见，欧几里得怎敢怠慢，接受了这个学生。从此以后，欧几里得就当上了国王的御用数学教师。开始时，国王上课很认真地听讲。可是，时间一长，随着难度的增加，托勒密就不耐烦了，渐渐地失去了兴趣。欧几里得深入浅出，耐心地讲解，但对于不爱学习的国王而言，一堂课的时间简直比一年还长，他已没有当初的决心了。

面对欧几里得所讲的三角形、正方形、菱形的图案，托勒密有点昏昏欲睡。欧几里得来到托勒密的身边，用手推推他。没等欧几里得说话，他反而先问："请问，有没有更简捷的学习几何学的方法和途径？用你这种方法实在太难学了。"

听了国王的问题，欧几里得思考着，冷静地回答道："陛下，乡下有两种道路，一条是供老百姓走的乡村小道，一条是供皇家贵族走的宽阔的坦途，请问，陛下走的是哪一条道路呢？"

"当然是皇家的坦途呀!"托勒密回答得十分干脆，但又感到茫然不解。

欧几里得继续说："不错，您当然是走皇家的坦途，但那是因为您是国王的缘故。可现在，您是一名学生。要知道，在几何学里，无论是国王还是百姓，无论是老师还是学生，大家只能走同一条路。因为，走向学问是没有什么皇家大道的。"国王托勒密仔细地想了想，总算理解了欧几里得这番话的含义，于是重新打起精神，听欧几里得继续讲课。

"在几何学里，大家只能走一条路。因为，走向学问是没有什么皇家大道的。"这句话成为千古传诵的学习箴言。它提醒人们不要妄图寻找捷径，在通往知识殿堂的道路上，只有勤奋学习才能到达理想的、辉煌的殿堂。

欧几里得还有一个学生很功利，他做学问并非出于对几何学的热爱，而是想着能给他带来什么实惠，例如金钱、名誉、地位，等等。于是，他去问欧几里得，学会几何学有什么好处？欧几里得幽默地对仆人说："给他三个钱币，因为他想从学习中获取实利。"这个学生听后涨红了脸，不敢接触老师的目光。因为欧几里得是真正热爱几何学的，他从不会去想能得到什么好处。他在研究几何学的过程中已充满快乐，别无他求。

欧几里得不但在数学领域尤其是几何学领域造诣颇深，让人钦佩，而且他严谨地追求真理的态度和脚踏实地的作风更值得每一个人向他致敬。

点评

无论一个人拥有功名还是利禄，在知识面前，人人绝对平等。只有严谨刻苦、实事求是的求学态度才是探索科学的助跑器。

数学家刘徽的故事

刘徽是中国古代伟大的数学家，在世界数学史上有很高的地位。刘徽生活在魏晋时期，山东人。他以治学严谨，不迷信权威，具有创新精神而著名，终于成为一代数学大师。他的杰作《九章算术注》和《海岛算经》是我国宝贵的数学遗产，为我国的数学发展做出了卓越的贡献。

刘徽是世界上最早提出十进制小数概念的人。当解决一个数学难题时，刘徽提出了把整数位以下无法表示的部分叫作微数，这就是最早的小数了。但是小数的概念是公元 13 世纪，我国元代数学家朱世杰提出的。而直到 16 世纪西方世界才出现小数，是法国数学家克拉维斯首先使用小数点作为整数部分与小数部分的分界号的。

“割圆术”是刘徽的又一重大发现，也是他最重要的数学成就，后人将它称为“刘徽割圆术”。刘徽的“割圆术”为人们认识圆周率以及计算出圆周率做了示范。“割圆术”是刘徽为了证明圆的面积而独立创造的，利用割圆术刘徽求出了圆周率为 3.14。其原理是在圆内作内接正多边形，然后用正多边形的面积近似值代表圆面积，进而求得圆周率的近似值，其方法之精妙让人折服。割圆术虽然继承了前人的极限思想，但又不失其独特的方法。他还在割圆术中提出了“割之弥细，所失弥少，割之又割以至于不可割，则与圆合体而无所失矣”，被视为中国古代极限观念的佳作。刘徽这种方法的特点就在于用有限来逼近无穷，他的这种思想在现代数学中还在起着极其重要的作用，而且今后将仍然起着重要的作用。人们为了纪念这位伟大的数学家，将圆周率叫作微率或刘徽率。

提到《九章算术》就不得不提《九章算术注》了。由于《九章算术》的问题解法缺乏必要的文字说明，给它的广泛运用和传播带来了局限性，刘徽作了《九章算术注》，来弥补《九章算术》的不足，这一举动使我国的数学体系又见成熟了。在《九章算术注》中，他明确且精辟地阐述了各种解题方法和结论。这本书最可贵之处在于它给出了很多被后世长期沿用的普遍的数学方法，割圆术就是其中之一。此外，还有齐同术、同术、今有术、图验及棋验法、重差法等。

明确地提出了正负数的概念及其加减运算法则也是刘徽的主要数学成就。

刘徽的数学成就不止这些。作为一名数学家，他的贡献令后人叹为观止，他孜孜以求的精神以及对科学的严谨态度更值得我们学习。

刘徽是我国古代数学发展中颇有影响的人物，他的成果和事迹都值得后人学习和尊敬。

点评

刘徽是我国古代数学发展中颇有影响的人物，他的研究成果是中国数学史上的基石。在古代，刘徽能有如此的成就，正是他自身刻苦和努力的结果。我们也一样，外部的环境并不能成为成功的必要条件，只要我们努力，就一定会实现自己的梦想。

最悲壮的女数学家希帕蒂娅

希帕蒂娅是古希腊一位伟大的女数学家。她一生坚持信仰真理，为数学的发展做出了举足轻重的贡献。不幸的是，希帕蒂娅生于宗教统治的时代，她因为否定宗教的信仰而遭到残酷迫害。她用鲜血捍卫了真理的伟大地位，是数学史上一位杰出的、勇敢的女性。

希帕蒂娅出生在埃及有名的亚历山大里亚城。这里是古希腊的文化中心，世界知名的地方。亚历山大里亚城有一座博学园，博学园里有图书馆和研究院。当时，许多著名学者都曾来过这里。希帕蒂娅的父亲西翁就在研究院里工作，后来成为研究院的院长。西翁是一位著名学者，从事数学研究，并担任数学教学工作。希帕蒂娅成长在文化素质很高的家庭里，受到了良好的启蒙教育。

希帕蒂娅从小聪明伶俐，受到家人的喜爱，尤其是父亲。父亲决心把女儿培养成有智慧、有才能的人。父亲重视希帕蒂娅各方面能力的培养，特别重视数学的启发。当希帕蒂娅 10 岁时，她已经掌握了丰富的数学知识，并能运用所学数学原理解决简单的数学问题。这种活学活用的数学能力与父亲的有意培养是分不开的。有一次，父亲带着希帕蒂娅来到博学园里散步。他让希帕蒂娅注意观察两个人的影子，启发她用影子来测量建筑物的高度。父亲还说："过两天我们去测量金字塔的高度。"这个有趣的问题吸引了希帕蒂娅，她苦思冥想，连吃饭、走路都在思考。

两天很快就过去了，可是这个问题对希帕蒂娅来说难度很大，她没有想出好的办法。在去金字塔的路上，希帕蒂娅不停地思考着。父亲以为希帕蒂娅被这个问题困扰以至于很不开心。于是，他转移女儿的注意力，一路谈笑来到了金字塔面前。这时已经是黄昏了，夕阳斜照，把他们的影子拖得长长的。希帕蒂娅看见自己的身影和父亲的身影重合在一起，立刻想起了曾学过的相似三角形对应边成比例的定理。希帕蒂娅把这个想法告诉父亲，父亲听后很欣慰。希帕蒂娅看到父亲的表情，知道自己是正确的，她蹦蹦跳跳地向金字塔跑去。

希帕蒂娅兴趣广泛，她不仅阅读数学名著，而且还阅读了不少哲学著作，培养了思辨的能力。此外，父亲还训练她的雄辩能力。17 岁时，她参加了博学园举办的学术辩论会。她的演讲十分精彩，赢得了人们的赞扬，也引起了人们的注意。

随着对科学知识的不断深入学习，希帕蒂娅认识到宗教的理义是不科学的，经不起推敲。她划清了宗教和真理的界线，下决心要学习真理，学习科学知识，摒弃宗教传扬的谬论。

19 岁时，希帕蒂娅到雅典求学，那时她已经成为受人尊敬的学者，拜访她的人络绎不绝。后来，希帕蒂娅回到博学园任教，讲授数学和哲学。希帕蒂娅的学识和才能赢得了人们的好评。她不仅从事教育工作，而且还从事数学和其他学科的研究，发明创造了观天仪、流体密度器、压力器等。她对科学的研究、对真理的追求十分痴迷。她不迷信，不信基督教。她在课堂上宣传科学知识，揭露宗教的欺骗性，这些引起了基督教人士的恐慌。他们视希帕蒂娅为眼中钉，扬言要除掉她。

有一天，希帕蒂娅经过教堂，一群歹徒把她拖进教堂，对她施行了惨无人道的虐待，用锋利的蚝壳一片一片割下她的肌肉，最后把她投进燃烧的烈火中。希帕蒂娅悲壮地离开了人世，她为真理战斗到最后一刻，谱写了数学史上最悲壮的赞歌。

点评

希帕蒂娅是一位勇敢的女性，她用鲜血捍卫科学和真理；希帕蒂娅也是一位杰出的数学家，她用勤奋和智慧谱写了美丽的乐章。

祖冲之的科学成就

祖冲之，祖籍现今河北省涞源县，南北朝时期一位杰出的科学家。他不仅是一位数学家，还是一位天文学家，同时还通晓机械制造、音乐等领域。

祖冲之在数学上最杰出的成就，是关于圆周率的计算。秦汉以前，人们以“径一周三”作为圆周率，这就是“古率”。后来发现古率误差太大，圆周率应是“圆径一而周三有余”，不过究竟余多少，意见不一。直到三国时期，刘徽提出了计算圆周率的科学方法——“割圆术”，用圆内接正多边形的周长来逼近圆周长。刘徽计算到圆内接96边形，求得 $\pi=3.14$，并指出，内接正多边形的边数越多，所求得的 π 值越精确。

祖冲之在前人成就的基础上，经过刻苦钻研，反复演算，求出 π 在3.141 592 6与3.141 592 7之间，并得出了 π 分数形式的近似值，其中取六位小数是3.141 929，它是分子分母在1 000以内最接近π值的分数。但人们还无从考察祖冲之究竟用什么方法得出这一结果。若设想他按刘徽的“割圆术”方法去求的话，就要计算到圆内接16 384边形，这需要花费多少时间和付出多么巨大的劳动啊！祖冲之计算得出的密率，外国数学家在1 000多年以后才获得同样结果。为了纪念祖冲之的杰出贡献，有些外国数学史家建议把π叫作“祖率”。

祖冲之的祖父名叫祖昌，在宋朝做了一个管理朝廷建筑的长官。祖冲之在这样的家庭环境中成长，从小就读了不少书，大家都称赞他是个博学的青年。他的爱好是数学和天文历法，他经常观测太阳和星球运行的情况，并且做了详细记录。

祖冲之的名气传到了宋孝武帝那里，于是宋孝武帝派他到专门研究学术的官署“华林学省”工作。虽然祖冲之对做官没有兴趣，但是在那里，他可以更加专心地研究数学、天文，因此他留在了那里。

我国历代都有研究天文的官，并且根据研究天文的结果来制定历法。到了宋朝的时候，历法已经有很大进步，但是祖冲之认为还不够精确。他根据长期观察的结果，创制出一部新的历法，叫作“大明历”（“大明”是宋孝武帝的年号）。这种历法测定的每一回归年（也就是两年冬至点之间的时间）的天数，跟现代科学测定的相差只有50秒；测定月亮环行一周的天数，跟现代科学测定的相差不到1秒，可见它的精确程度了。

祖冲之请求宋孝武帝颁布新历，孝武帝召集大臣商议。那时候，有一个皇帝宠幸的大臣戴法兴出来反对，他指责祖冲之擅自改变古历是离经叛道的行为。祖冲之当场用他研究的数据回驳了戴法兴。但戴法兴依然蛮横地说：“历法是古人制定的，后代的人不应该改动。”祖冲之不惧怕戴法兴，他严肃地说：“你如果有事实根据，就只管拿出来辩论，不要拿空话吓唬人。”宋孝武帝想帮助戴法兴，就找了一些懂得历法的人跟祖冲之辩论，却全被祖冲之驳倒了，但是宋孝武帝还是不肯颁布新历。直到祖冲之死了10年之后，他创制的大明历才得到推行。

祖冲之在科学发明上是个多面手，他造过一种指南车，随便车子怎样转弯，车上的铜人总是指着南方；他还造过“千里船”，在新亭江（在今南京市西南）上试航过，一天可以航行 100 多里①。他还利用水力转动石磨，舂米、碾谷子，叫作“水推磨”。

祖冲之还与他的儿子祖暅（也是我国著名的数学家）一起，用巧妙的方法解决了球体体积的计算。他们当时采用的一条原理是幂势既同，则积不容异。也就是说，位于两平行平面之间的两个立体，被任一平行于这两平面的平面所截，如果两个截面的面积恒相等，则这两个立体的体积相等。这一原理，在西方被称为卡瓦列利原理，但这是在祖氏以后 1 000 多年才由卡氏发现的。为了纪念祖氏父子发现这一原理的重大贡献，大家也称这原理为“祖暅原理”。

祖冲之不愧为我国古代数学界的鼻祖，他为中国乃至世界的数学发展做出了不可磨灭的贡献。

点评

祖冲之是一位勇敢的科学家，为了真理，他敢于向传统挑战，敢于向权势挑战，他无畏的精神以及在数学史上划时代的贡献都值得我们称赞。

① 1[市]里 = 500 m。

中国古代数学家——李冶

李冶，原名李治，字仁卿，号敬斋，我国金元时期杰出的数学家，真定栾城人（今河北省石家庄市）。李冶生活在宋元交替的时代，金代时曾经做过官，担任河南省地方知事。到了元朝，他便隐居治学。元世祖忽必烈曾经聘他为翰林学士，可是为官仅一年便辞了官回乡，继续他的讲学之路，直至辞世。

晚年的李冶回到了离河北省石家庄市不远的元氏县封龙山的老家，一面讲学以维持生计，一面刻苦钻研天元术。经过他坚持不懈的努力，终于在 1248 年完成了他的《测圆海镜》12 卷，这是世界上的第一本专著。

李冶和秦九韶、杨辉、朱世杰是有名的宋元四大数学家。和其他三位数学家一样，李冶也有许多著名的著作问世，除了著有《测圆海镜》外，还著有《益古演段》3 卷（1259 年）、《泛说》40 卷、《敬斋古今》40 卷、《壁书丛削》12 卷，书中都记载了很多具有世界影响力的理论。

李冶在数学上最大的成就就是成功地改进和总结了天元术。天元术是我国古代传统的半符号代数学。李冶的天元术与现代代数中的列方程法类似，它是立天元一为某某，这就是设未知数 x ，然后依据题设条件列出两个相等的天元式（含未知数的多项式），再把这两个天元式相减，就得到一个天元开方式，最后利用增乘开方法求这个方程的正根。

李冶建立的天元术其实比韦达提出的用字母代替文字还要早。

以前，人们的代数学符号都是文字，运用起来非常烦琐。直到16世纪，数学史上伟大的数学家韦达提出用字母来代替文字，人们才开始了对代数符号的改革，韦达也由此被称为“代数学之父”。但是，李冶提出使用数学符号要比韦达早300多年。李冶在研究天元术的时候还创造了世界上最先进的小数计法，这不仅比比利时的斯台文的创造早了300多年，而且要比他的计法先进。

李冶一生命运多舛。他的理论在宋朝的时候经常被文人讥讽，他们嘲笑李冶是“九九贱技”，但李冶以他扎实的理论知识和学术成就对这些攻击进行坚决的回击。蒙古军入侵中原时，烽火连年，民不聊生，李冶曾经被蒙古军队所俘，后又过了19年逃亡流浪、颠沛流离的生活。

李冶的天元术对中国数学特别是代数学是一个创造性的贡献，李冶一系列的学术成就在当时都是世界上最先进的理论学说，甚至连韦达、斯台文、笛卡儿也要“稍逊风骚”，确实令华夏子孙骄傲，值得后人大加颂扬。

点评

古语有言，“人生不如意事十之八九”，尽管李冶一生颠沛流离，但是他并没有因此而放弃自己的理想，他具备超常的勇气和毅力。

精通医学的数学家——卡当

卡当，意大利著名数学家。他生活的时代正是文艺复兴时期，卡当也是一位典型的人文主义者。他非常关注希腊和罗马的文化，除了数学之外，他还研究、评论希腊和罗马的文化成果，有着广泛的兴趣爱好。

卡当出生在意大利的帕维亚。童年对他来说有许多痛苦的回忆。他的家境贫寒，这多少影响了他的性格。他个性孤僻却自负，缺乏幽默感，不能自我反省，而且他常常在言谈中表现得冷漠无情。但是，这些都不能掩盖他的聪明才智，他对很多领域的知识都表现出极大的兴趣。

卡当是从帕维亚大学医学院毕业的，也许对于他来说，生存是首先要考虑的。当时，医生是一个更容易谋生的职业。后来，卡当在波隆纳和米兰行医并教授他人医术，成为全欧洲有名的医生。这期间，卡当并没有放弃数学，他也受聘于意大利的多所大学，从事数学讲座的工作。

那个时期，宗教的权力仍然很大，为了维护自己的利益，他们对异教徒进行残酷的镇压。卡当作为文艺复兴的积极分子，他很反对天主教的统治。有一次，卡当因气愤而丢掷了耶稣的天宫图，因此被捕入狱。正在人们为他的生死担心时，奇怪的事发生了。大主教不但没有加害他，反而聘用他为占星术士。原来，卡当的知识十分丰富，涉猎广泛。他不仅精通医学、数学，而且还了解天文学、占星学、物理学。他的著作也涉及这些内容，他将古世纪、中世纪以及当代所能搜集到的数学知识编成了百科全书的形式。

不久，他的著作《大术》出版。这本著作第一次使用代数符号的雏形，在代数学上有相当重要的地位。卡当在代数学上的另一个贡献，是引入了虚数，并接受虚数是方程式的根，这也是一项开创性的贡献。虚数的出现，是数学史上的一件大事。虚数和原有的实数统称为复数系。根据代数基本定理，在复数系里任何多项式必有根，而且 n 次多项式恰有 n 个根，这就解决了根的存在性问题。要解出方程式的根，在复数系中，便可迎刃而解了。

除了在代数学上的重要成就，卡当在概率论这门学科上也做了奠基的工作。例如，在他的《博弈论》一书中，他已经计算了投掷两颗或三颗骰子，在可能的方法里，有多少种方法是得到某一点数。这可以说是概率论发展的一个开始。

卡当的突出贡献给我们这样的启示：自己的努力是成功的关键因素，外在环境并不影响努力者的成功。

点评

虽然生活艰难，但卡当凭着坚强的意志力坚持研究数学。相比之下，我们在良好的环境中更要努力学习。

早熟的数学天才——帕斯卡

帕斯卡，17 世纪伟大的数学家，16 岁时发现“帕斯卡定理”。

帕斯卡出生在法国的克勒芝·富朗。母亲在他 4 岁时就去世了，留下帕斯卡和他的两个姐妹都要靠父亲照料。帕斯卡 7 岁时，一家人搬到了巴黎。

帕斯卡的父亲精通数学，与数学家来往密切，对帕斯卡影响很大。在父亲的影响下，帕斯卡 12 岁就显露出了卓越的数学天赋。最初父亲不愿让儿子学习数学，因为帕斯卡是父亲唯一的儿子，可是这唯一的儿子却自幼体弱多病。而当时的人们都认为数学是一门很耗费精力的学问，为了帕斯卡的健康，父亲才有意不让他接触数学。父亲曾把数学书放在帕斯卡找不到的地方。尽管如此，帕斯卡还是没有放弃数学，相反，他对学习数学的兴趣不断滋长起来。帕斯卡经常央求父亲教他数学，尽管有时父亲的拒绝是强硬的，但帕斯卡还是坚持学习数学。

有一次，父亲悄悄地走进帕斯卡学习的房间，发现他正全神贯注地学习数学，于是在他后边站了很长时间，沉浸于解题中的帕斯卡竟然全然不知。最后，父亲问他："干什么呢?"帕斯卡只好承认自己在学习数学。父亲拿起帕斯卡所解的题目一看，他万万没有想到儿子所解决的问题相当于欧几里得第一卷里的命题。

在父亲得知儿子发现了数学定理，发现了儿子的数学天赋后，他再也没有理由阻止儿子学习数学了。一有空，他就读儿子新发现的定理，并连声叫好。终于有一天，父亲把一部欧几里得的《几何原本》送给了帕斯卡。

终于可以公开地学习数学了！帕斯卡开始研读数学著作，还探索其他各类文章。帕斯卡在父亲的指导下很快读完了《几何原本》，接着又把父亲收藏的数学书籍浏览一遍，在这期间他表现出了非凡的数学才能。父亲为了让儿子能接触到当时数学研究的顶尖人物，经常带他去参加每周一次的梅森学院（法国科学院的前身）的聚会，结识了笛卡儿、费马等大数学家。费马后来还与帕斯卡建立了通信联系，在信件中讨论过许多数学问题，从而建立了早期的概率论理论。

16 岁的帕斯卡在研究圆锥曲线的问题中，获得了一条重要而美妙的结论："任何内接于圆锥曲线的六边形，三组对边交点共线。"在此之后，他又提出了 400 多条重要的推论，并写出了《讨论圆锥曲线论》，这一重要结论被后人命名为"帕斯卡定理"或叫作"帕斯卡六边形"。大数学家笛卡儿简直有点不相信这是出自一位 16 岁少年之手，他摇着头说："16 岁的少年不会发现这个定理!"在他仔细地研读之后，由衷地赞扬帕斯卡所取得的成就："自希腊阿波罗尼斯以来，圆锥曲线论的最大进步"。笛卡儿后来和帕斯卡结成了忘年之交，笛卡儿非常欣赏、喜爱这个年轻人，他们不仅交流学术思想，笛卡儿还把自己"晨思"的经验告诉帕斯卡，称这个时间、这种方式最能启发人的灵感。

父亲的阻止并没有压抑住帕斯卡的数学天赋，他一步一步地成长起来，终于从早期的数学神童变为一位举世闻名的数学家。

点评

帕斯卡在并不是很顺利的情况下没有放弃自己所钟爱的数学，而是迎难而上，他的决心和成就终于感动了父亲，于是他才有了今天这许多造福于人类的成就。认准一件事并不困难，困难的是认准这件事并坚持去做。

微积分的始创者之一——莱布尼茨

莱布尼茨，17世纪末德国著名的数学家、物理学家和哲学家，一个举世罕见的科学天才。他博览群书，涉猎百科，是不可多得的全才。

莱布尼茨出身于德国东部莱比锡的一个书香之家。他从小就十分好学，并有很高的天赋。不幸的是，父亲在他6岁时去世，但是父亲给他留下了比金钱更宝贵的丰富藏书。莱布尼茨从小阅读了许多希腊和罗马著名学者的著作，因此打下了坚实的文化基础。

莱布尼茨15岁进入莱比锡大学学习法律，一进校便跟上了大学二年级标准的人文学科的课程，他还抓紧时间学习哲学等科学知识。1663年5月，他以《论个体原则方面的形而上学争论》一文获学士学位。这期间在听了教授讲授欧几里得的《几何原本》后，莱布尼茨对数学产生了浓厚的兴趣。

莱布尼茨在数学方面的成就是巨大的，他的研究涉及高等数学的许多领域，并取得了一定的成果。他提出的一些重要数学理论为后来的数学研究奠定了基础。

牛顿在微积分方面的研究虽早于莱布尼茨，但莱布尼茨成果的发表则早于牛顿。后来人们公认牛顿和莱布尼茨是各自独立地创建微积分的。莱布尼茨从几何问题出发，运用分析学方法引进微积分概念，得出运算法则，其数学的严密性与系统性是牛顿所不及的。莱布尼茨和牛顿的研究使积分和微分真正沟通起来，明确了微积分的关键所在，即微分和积分是互逆的两种运算。只有确立了这一基本关系，才能在此基础上构建系统的微积分学。

莱布尼茨还对建立科学院非常热心。他积极地从事科学院的筹划、建设事务。他觉得学者各自从事研究既浪费时间，又可能消息闭塞。如果人才集中，既可以提高效率，大家也可以互相讨论，各抒己见，共同进步。因此，他竭力提倡创办科学院，集中人才研究学术。

莱布尼茨一直为柏林建立科学院四处奔波，到处游说。经过长期的努力，他获得了贵族的赞助，建立了柏林科学院，他出任首任院长。不久，莱布尼茨被选为法国科学院院士。至此，当时全世界的四大科学院——英国皇家学会、法国科学院、罗马科学与数学科学院、柏林科学院——都以莱布尼茨作为核心成员。

莱布尼茨是最早研究中国文化和中国哲学的德国人。他没有“欧洲中心论”的偏见，向耶稣会来华传教士了解了许多中国的情况。莱布尼茨为促进中西文化交流付出了毕生的努力，产生了广泛而深远的影响。他的虚心好学，对中国文化平等相待，值得后世永远敬仰、效仿。

莱布尼茨一生没有结婚，没有在大学当教授。他平时从不进教堂，因此他有一个绰号：“什么也不信的人”。他去世时教士以此为借口，不予理睬，无人前来吊唁，他孤寂地离开了人世。

但是，后人不会忘却他的功绩。1793 年，汉诺威人为他建立了纪念碑；1883 年，在莱比锡的一座教堂附近竖起了他的一座立式雕像；1983 年，汉诺威市政府照原样重修了被毁于第二次世界大战中的“莱布尼茨故居”，供人们瞻仰。

莱布尼茨不仅在数学上有着卓越的成就，他在逻辑学、文学、史学和法学等方面都很有建树。莱布尼茨被世人誉为“万能大师”，是一个难得的通才。

点评

莱布尼茨在多方面的贡献都举世瞩目，这归功于他坚强的意志。他在探索科学的道路上、在信仰上都坚持自己的主张，这种坚持是难能可贵的。

坚持真理的达朗贝尔

达朗贝尔，法国著名物理学家、数学家和天文学家。他一生研究了大量课题，完成了涉及多个学科领域的论文和专著，其中最著名的有巨著《数学手册》、力学专著《动力学》、23 卷的《文集》、《百科全书》的序言等。

达朗贝尔的童年并不幸福，他是一个军官的私生子，母亲是一位著名的沙龙女主人。母亲为了不影响自己的名誉，在达朗贝尔出生后，把他遗弃在巴黎一座教堂的石阶上。幸运的是他被一名士兵捡到并带回了家。达朗贝尔的亲生父亲得知这一消息后，把他找回来并寄养给了一对工匠夫妇。后来他自己取姓为达朗贝尔。

虽然达朗贝尔没有得到亲生父母的爱，但是他的养父母教会了他爱别人。他和养父母的关系一直很好，直到达朗贝尔 47 岁，他们都生活在一起。

达朗贝尔少年时被父亲送到了一所教会学校学习。教会学校是宣传宗教和上帝的阵地。教会学校否认真正的科学，把上帝看作一切事物的主宰。虽然受到了神学理论的熏染，但是达朗贝尔仍然坚信真理，一生探求科学的真谛，不盲从于宗教的认识论，这需要很大的勇气。在那里，他也学到了很多数理知识，为他将来的科学研究打下了坚实的基础。后来，他自学了一些科学家的著作，并且完成了一些学术论文。

数学是达朗贝尔研究的主要课题，他是数学分析的主要开拓者和奠基人。达朗贝尔系统研究了极限概念、级数理论、微分方程。达朗贝尔在数学上还有很多其他成果：他是早期研究复数性质的人，还是证明代数学基本定理的最早数学家之一，他对概率论也有研究。

达朗贝尔认为力学与数学紧密相关，因此他一生对力学也做了大量研究。达朗贝尔是 18 世纪为牛顿力学体系的建立做出卓越贡献的科学家之一。

达朗贝尔在力学和数学方面的研究推动了他对天文学的研究，他运用力学的知识在天文学领域做出了重要贡献。

达朗贝尔在科学上的成就为他赢得了很高的声誉。曾有俄国沙皇邀请达朗贝尔担任太子监护，普鲁士国王邀请他担任普鲁士科学院院长，都被他谢绝了。达朗贝尔并不在乎这些身外之物，他生活简单、清贫。他的生活动力源自对科学和真理的不断追求，因此他不在乎得罪这些信仰宗教的权贵。

达朗贝尔为科学事业做了许多有意义的事。他非常支持青年科学家们对科学的探究工作，也愿意在事业上帮助他们。达朗贝尔经常与青年科学家们在一起进行学术讨论，为青年科学家们指明研究的方向。

然而，由于达朗贝尔反对宗教，所以他死后，巴黎市政府拒绝为其举行葬礼。虽然这位科学巨匠离开这个世界的时候，既没有隆重的葬礼，也没有缅怀的追悼，但是历史不会忘记他，不会忘记为科学、为真理、为人类奋斗一生的人。

点评

达朗贝尔的童年虽然没有得到亲生父母的爱，但是他却把自己满腔的爱献给了科学事业。也正是他对科学事业的热爱和坚持真理的精神，使他成为一位伟大的科学家。

杰出的女数学家——索菲·姬曼

索菲·姬曼，18 世纪法国杰出的女性数学家。她在数论及费马定理的研究中，都做出了重大贡献。

索菲·姬曼出生在法国巴黎。当时的法国，社会、经济都处于变动的状态，幸而索菲·姬曼的家境富裕，使她免受社会动乱的影响。于是，索菲·姬曼常常在父亲的书房里消磨时光。书籍总是让她废寝忘食。一天，她读到了关于阿基米德的故事："当战争的烟火已经烧到家门口时，阿基米德仍然蹲在地上，专心地研究由一堆沙子组成的几何图形。阿基米德沉浸在自己的研究中，对危险毫无知觉。对于罗马士兵的问话，他充耳不闻。凶残的士兵杀死了阿基米德。"索菲·姬曼被这个故事感动了，是什么东西如此吸引阿基米德，以致危险来临时他都置之不顾？哦，原来是数学，数学一定是世界上最迷人的东西。索菲·姬曼这样想着，便决心学习数学，看看它到底有什么迷人之处。

然而在那个时代，女性普遍受歧视，尤其是在学术上。法国对女性的歧视更严重。即使是像索菲·姬曼这样的富有家庭，也不会让一个女孩从事科学研究。因此，当她把自己的理想告诉父母时，得到的却是父母的强烈反对。父母没收了她的墨水、蜡烛之类的东西，以此阻止她看书，阻止她学习数学。但是，索菲·姬曼对数学是那么着迷，她想尽办法偷偷地研究数学。索菲·姬曼坚定的决心终于感动了父母，父母开始支持她的学习，父亲一生都支持她的数学事业。

1794 年，巴黎工艺学校成立。这里是数学的殿堂，聚集了许多知名的数学家。索菲·姬曼非常想去学校里学习。让她苦恼的是学校只收男生。但是她学习数学的决心那么强烈，以至于任何困难都吓不倒她。索菲·姬曼想到化名为男生去听课。她发现有一个叫伯兰斯的学生经常旷课，于是她冒名顶替了伯兰斯，顺利进入学校。索菲·姬曼收集了所有教授的讲义概要，其中拉阁兰奇的“分析学”最吸引她。于是，索菲·姬曼跟随拉阁兰奇教授学习。索菲·姬曼才华出众，很快受到老师的注意，她不得不向老师说明她是女儿身。拉阁兰奇并不歧视女性，他很高兴做索菲·姬曼的导师，并和她成为好朋友。拉阁兰奇称赞索菲·姬曼是最年轻的数学分析学家。

后来，索菲·姬曼读了高斯的《整数论》，又对数论产生了浓厚的兴趣。她选择了费马大定理进行研究，并把研究的成果寄给高斯，当然她仍然用伯兰斯这个名字。高斯对她的成果给予肯定，认为这是当时最好的成果。那年，索菲·姬曼只有 20 岁。在与高斯的通信中，索菲·姬曼了解到高斯对女性也没有偏见，他们也成了很好的朋友。在德国战乱时期，索菲·姬曼害怕高斯遭受不幸，便写信给一位将军朋友，托付他照顾高斯。于是，这位将军保护了高斯。

19 世纪初，巴黎数学界都集中关注“有关弹性表面振动的数学原理”问题的研究，并以此为题目，设立征文奖。索菲·姬曼的论文《弹性板上的振动》获得了该奖项，并成为第一位不是以某位成员夫人的身份出席科学院讲座的女性。

索菲·姬曼一生并未受过什么正规的教育，因此，能有这样的成绩是相当了不起的。虽然她生前并没有得到法国科学院授予的数学家称号，但是她的贡献足以证明她的实力。她是有史以来理解数学最透彻的女性。

点评

在那样排斥女性的年代，索菲·姬曼凭着自己的努力，在数学领域里干出了一番事业，她是女性的榜样。在成功的道路上，难免会有这样那样的障碍，跨越它，等待你的就是胜利，退缩就意味着失败。

数学天才——高斯

高斯，18世纪德国数学家、物理学家和天文学家，有“数学王子”“数学家之王”的美称。

高斯，出身于德国布伦兹维克的一个贫苦家庭。父亲格尔恰尔德·迪德里赫先后当过护堤工、泥瓦匠和园丁。父亲对高斯要求极为严厉，常常喜欢凭自己的经验为年幼的高斯规划人生。高斯尊重他的父亲，并且秉承了其父诚实、谨慎的性格。

在成长过程中，母亲和舅舅给予幼年的高斯很多帮助。舅舅弗利德里希是一个有智慧的人，他热情、聪明、能干，从事纺织贸易颇有成就。他发现姐姐的儿子高斯聪明伶俐，因此他就把一部分精力花在这位小天才身上，用生动、活泼的方式开发高斯的智力。若干年后，已成年并成就显赫的高斯回想起舅舅为他所做的一切，深感舅舅对他成才之重要。正是由于弗利德里希慧眼识英才，经常劝导姐夫让高斯向学者方面发展，才使得高斯没有成为园丁或者泥瓦匠。

高斯还不到3岁的时候，有一天，他看见父亲在计算受他管辖的工人们的周薪。父亲在喃喃地计数，最后父亲念出钱数，准备写下时，身边传来微小的声音："爸爸！算错了，钱数应该是这样……"

父亲再算一次，小高斯讲的数果然是正确的。父亲感到很惊奇，因为没有人教过高斯怎么样计算，而小高斯却靠着平日的观察，在大人不知不觉时，自己学会了计算。

另外一个著名的故事也可以说明高斯很小时就显现出了他在数学方面的才能。

高斯8岁时进入乡村小学读书。教数学的老师是一个从城里来的人，他觉得在一个穷乡僻壤教书，真是大材小用。他还对穷人有些偏见，认为穷人的孩子天生都是笨蛋，教这些蠢笨的孩子念书不必认真，而且，他还经常找机会处罚他们，使自己枯燥的生活增添一些乐趣。

有一天，这位数学老师的心情不太好。同学们看到老师那严肃的脸孔，心里都很害怕，他们知道老师又要处罚他们了。

"你们今天替我算从1加2加3一直到100的和，谁算不出来就罚他不能回家吃午饭。"老师讲了这句话后就一言不发地拿起一本小说坐在椅子上看去了。

教室里的小朋友们拿起石板开始计算："1加2等于3，3加3等于6，6加4等于10……"一些小朋友加到一个数后就擦掉石板上的结果，再加下去，数越来越大，算起来非常困难，最后孩子们都涨红了小脸，皱起了眉头。

还不到半个小时，小高斯就拿着他的答案向老师走去："老师，答案是不是这样？"

老师头也不抬，看也不看，他心想不会有人这么快就算出答案，于是说："去，回去再算！错了。"

可是高斯却没有回去再算，他自信地把石板伸到老师面前："老师！我想这个答案是对的。"

数学老师本来想发怒，可是一看石板上整整齐齐地写了这样的数：5 050。他惊奇起来，因为他自己曾经一个一个地加过，知道正确答案就是 5 050，可这个 8 岁的小鬼怎么这样快就得到了这个数值呢？

高斯解释了他发现的计算方法：

$$1+100=101$$

$$2+99=101$$

$$3+98=101$$

$$\vdots$$

$$50+51=101$$

前后两项两两相加，就成了 50 对和都是 101 的配对了，即 $101\times 50=5\ 050$。

高斯的发现使老师觉得羞愧，觉得自己以前目空一切和轻视穷人家孩子的观点是不对的。后来，这位老师开始认真教起书来，并且还常从城里买些数学书自修，并借给高斯看。在他的鼓励下，高斯便在数学方面开始做一些重要的研究了。

高斯的学术地位历来被人们推崇得很高，他有"数学王子""数学家之王"的美称，被认为是人类有史以来"最伟大的三位（或四位）数学家之一"（阿基米德、牛顿、高斯、欧拉）。甚至有人说："人类智力领域的几乎所有褒奖之词，对于高斯都不过分。"

点评

这个故事充分说明了高斯对数学的热爱，并且能够自己思考，总结出简便的计算方法，展示出他小的时候就有过人的数学才能。我们也该像高斯一样，勇于打破陈规，另辟蹊径。

数学分析的奠基人——柯西

柯西，18 世纪末 19 世纪初法国数学家。柯西出生于战争年代，正是法国大革命时期，他生于战乱的巴黎。因为战争的关系，刚出生的柯西随父亲和母亲到巴黎附近的阿克爱尔避难。在那里，他们生活十分艰苦，常常是吃了上顿没下顿。尽管如此，柯西的父亲还是自编教材，亲自担负起教育孩子的责任。在父亲的精心指导下，柯西从小就能自如地写出法文和拉丁文的诗篇。

柯西家破败的小屋对面就是大数学家拉普拉斯侯爵的豪华庄园。在拉普拉斯发现了小柯西的过人才华之后，就经常到柯西家做客。起初，他每次来访，总看见有一个少年老成的孩子独自一个人在角落里专心致志地看书。拉普拉斯只是感到好奇，很快他惊讶地发现，这个体格上发育不全的小孩，智力上竟有非凡的天赋。他不但会写诗，而且有惊人的记忆力和计算本领。这个瘦小的孩子很讨拉普拉斯的喜爱，拉普拉斯经常会给柯西送来书籍和食物，有时还带着小柯西一同去散步。他们像知心朋友一样相处，拉普拉斯给柯西讲星球的演变和宇宙的奥秘，讲自己的抱负——用数学来描述太阳系星球的运动。他绘声绘色地描绘出一幅生动的图画：这些星球，按照数学的规律运动，像钟表一样精确！小柯西睁大眼睛，张着嘴巴，完全入了迷。他望着这位和蔼可亲的长者，暗暗立下志愿，要像拉普拉斯那样，做一名揭开宇宙之谜的探索者。

一天，上议院送来一份精致的任命书：柯西先生当选为上议院的秘书。小柯西收拾好书包，高高兴兴地跟着父母返回巴黎。

拉普拉斯早在两年前就回到巴黎，他把他在阿克爱尔发现小柯西的事情告诉了同样也是数学家的拉格朗日。拉格朗日听了，心里并不十分相信。为了证实小柯西到底是否像拉普拉斯说的那样，拉格朗日来到了柯西先生的办公室，决定对小柯西来一次面试。结果，拉格朗日简直不敢相信，一个10岁的孩子，居然能对自己连珠炮式的问题对答如流。他终于也和拉普拉斯一样，抑制不住自己的激动，在一次数学家的集会上，向大家做了介绍，并且庄重地预言："这少年将替代我们。"

小柯西后来的成就证明，这预言是多么正确。正是这个瘦弱少年，和高斯一起，用他们革命性的创造成就，扫除了拉格朗日自己多年来对数学前途的重重疑虑。

拉格朗日曾经向小柯西的父亲建议，在他17岁前不要让他接触高等数学，免得影响孩子的健康。因此，柯西在中学毕业后，才在导师的指导下开始学习高等数学。拉格朗日的眼力果然不错，只用短短10个月的时间，柯西就熟悉和掌握了数学中最困难问题的内容和解题技巧。

25岁时，柯西以第二名的好成绩考入著名的巴黎综合工科学校，两年后，他转到道路桥梁工程学校学习。3年后，柯西的学业顺利完成，被当局特别挑选出来负责重要的瑟堡工程。

34岁时，柯西在法国科学院大会上宣读了他在复变函数理论方面的第一篇论文《关于定积分理论的报告》。接着，柯西在他的一篇论文中提到一个重要公式，就是现在一般教科书所讲的柯西积分公式。而《关于积分限为虚数的定积分的报告》被认为是柯西最重要的著作，有人称赞它是“科学史上最瑰丽的一篇”。这些论著使柯西作为这一重要数学分支的独立创造者和最主要发展者，光荣地载入数学史册。

柯西的创造力层出不穷，源源不断。除了日常的教学，他几乎每星期都要给科学院送来两篇内容丰富的论文。不到30岁，柯西已经当之无愧地成为法国最伟大的数学家。他是仅次于欧拉的多产数学家，发表论文800篇以上，其中纯数学的占65%，几乎涉及数学的所有分支；数学物理约占35%。他为后人留下了1万多页涉及各个领域的研究成果的著作。

数学天才柯西在童年时代就已经崭露头角，他的才华是无法掩饰的，终为世人所发现、所关注。柯西用他的一项又一项数学成就向世界证实了拉格朗日的预言。

点评

数学天才柯西小时候并没有优越的学习条件，身体条件也不好，然而，他并没有被这一切打倒，而是用他的刻苦和努力，为自己撑起了理想的天空。

天才少年伽罗华

伽罗华，19 世纪法国天才数学家。伽罗华出生于法国巴黎。12 岁时，便离开双亲，考入有名的路易·勒·格兰皇家中学。伽罗华经常到图书馆阅读数学专著，特别对一些数学大师的专著很感兴趣，如勒让德的《几何原理》和拉格朗日的《代数方程的解法》《解析函数论》《微积分学教程》，并进行了认真分析和研究。

伽罗华从小就显示出他的数学天赋。他从中学初级数学班跳到里夏尔的数学专业班，这一年，他的科学研究获得了初步成果。他的老师里夏尔评价他“只适合在数学的尖端领域中工作”。

第二年，伽罗华在他中学最后一年快要结束时，把他的初步研究结果的论文提交给法国科学院，当时，法国最杰出的数学家柯西是这些论文的鉴定人。柯西计划对伽罗华的研究成果在科学院举行一次全面的意见听取会。然而，在会上柯西只向科学院宣读了他自己的一篇论文，却并未介绍伽罗华的著作。

中学结束后，伽罗华曾两次参加巴黎综合技术学校的入学考试，却都落榜了。落榜原因一次是主考人向这位天才数学家提出了过于简单的问题，伽罗华认为回答这样的问题有损他的尊严；另外一次，主考人无论如何也不明白伽罗华设法向他说明的十分平常的事理。伽罗华气得随手把刚刚擦完黑板的脏海绵向主考人的脑袋扔去。他最终进入了一所师范大学。

进入师范大学后，他又一次遭到了挫折：伽罗华将他的研究成果比较详细地写成论文交了上去，以参加科学院的数学大奖评选。论文寄给了当时科学院终身秘书傅里叶，但傅里叶在当年 5 月去世了，在他的遗物中并未发现伽罗华的手稿。就这样，伽罗华递交的两次数学论文都被遗失了。

一年后，伽罗华在寻求确定方程的可解性这个问题上，又得到一个结论，他写成论文提交给法国科学院。这篇论文是伽罗华关于群论的重要著作，当时，负责审查的数学家为理解这篇论文绞尽脑汁。尽管借助拉格朗日已证明的一个结果可以表明伽罗华所要证明的论断是正确的，但最后那位数学家还是建议科学院否定它。

对事业必胜的信念激励着年轻的伽罗华。虽然他的论文一再被丢失，得不到应有的支持，但他并没有灰心，坚持他的科研成果，并进一步向更广的领域探索。

伽罗华的证明被否定后不久，他因为揭发校长吉尼奥对法国七月革命政变的两面派行为，被开除出师范大学。之后，他进一步积极参加政治活动，以“企图暗杀国王”的罪名被捕，后无罪获释。不久，他又被反动王朝视为危险分子而再次被抓。在监狱里，伽罗华度过了他生命的最后一年的大部分时间。

伽罗华获释后，被卷入了一场关于“爱情与荣誉”的决斗。伽罗华清楚对手的枪法很好，自己难以摆脱死亡的命运，因此连夜给朋友写信，仓促地把自己平生的数学研究心得扼要写出，并附以论文手稿。有许多理由认为，决斗是伽罗华政治上的反对派为了把他从自己的道路上清除掉而想方设法挑起的。

伽罗华最主要的成就是提出了群的概念，并用群论彻底解决了根式求解代数方程的问题，而且由此发展了一整套关于群和域的理论。为了纪念他，人们称之为伽罗华理论。正是这套理论，创立了抽象代数学，并为数学研究工作提供了新的数学工具——群论。它对数学分析、几何学的发展有很大影响，并标志着数学发展现代阶段的开始。

虽然伽罗华的数学论著一次又一次地被遗失、被否定，但这并没有使伽罗华放弃对数学的研究，也不能掩盖天才伽罗华的光芒。这颗数学天才之星的陨落，是数学界的悲哀，是人类的悲哀！

点评

伽罗华的数学研究之路走得并不平坦，然而，一次次的不认同并没有将他打倒，反而更坚定了他继续研究的信念。困难与失败在坚定的信念面前，只会黯淡无光。

为数学成绩苦恼的数学大师——埃尔米特

埃尔米特，19 世纪最伟大的代数几何学家。他出生在法国洛林。父亲是杰出的冶矿工程师，因为参加法国大革命而被通缉，逃到法国边界的洛林小村庄，在一家铁矿场中隐姓埋名做矿工。母亲是一个敢作敢为的强悍女子。埃尔米特继承了父亲的聪明和母亲的果敢，成长为一个不凡的人。虽然他的腿有残疾，但不会影响他的成功。

埃尔米特一生挚爱数学，然而，他每次考试失败也是因为数学。不过这无法磨灭他在数学上的伟大贡献：现代课本上的“共轭矩阵”是他先提出来的，人类 1 000 多年来解不出的“五次方程式的通解”是他先解出来的，自然对数的“超越数性质”也是他第一个证明出来的。

埃尔米特从小就是个问题学生，上课时老爱给老师出难题。他提出一些基本的问题与老师辩论，常常使老师下不了台。埃尔米特花许多时间去看数学大师的著作，如牛顿、高斯的原著，他认为在那里才能找到“数学的美”。他用心研究这些巨作，数学能力早已超出同龄的人。奇怪的是，他的数学成绩总不及格。老师看他考不好，就用木条打他的脚。他说：“我的数学考得特别差，主要原因是我的数学特别好。”他的话让数学老师更加生气。他说：“数学课本是一滩臭水，是一堆垃圾。数学成绩好的人，都是一些二流头脑的人，因为他们只懂搬垃圾。”

埃尔米特的数学真的那么差劲吗？当然不是。只是当时的数学教学根本不重视对学生的启发，数学课本枯燥无味，再加上让人痛苦的考试，因此埃尔米特厌倦学校的教学。他更喜欢自由自在地在数学的海洋里畅游。后来他写道：“学问像大海，考试像鱼钩，老师老要把鱼挂在鱼钩上，鱼怎么能在大海中学会自由、平衡的游泳呢？”

当时的教育不会因为你有某一方面的天分而让你进入大学。巴黎综合工科技术学院入学考试每年举行两次，埃尔米特从 18 岁开始参加考试，考到第 5 次才以刚刚上线的成绩通过。其间当他几乎要放弃时，是一位数学老师李查鼓励了他。李查老师对埃尔米特说：“我相信你会成为一位伟大的数学家，因为你有不同凡响的数学天分。但是有天分还不够，你需要坚持完成学业，才不会被你所认为的扼杀人的传统教育牺牲掉。”因此，他一次又一次地落榜，却仍继续坚持考试。

埃尔米特进技术学院念了一年以后，法国教育当局忽然下一道命令：肢体障碍者不得进入工科学系，埃尔米特只好转到文学系。文学系里的数学虽然容易了很多，但是他的数学还是不及格。有趣的是，他在法国的数学研究期刊《纯数学与应用数学杂志》发表的《五次方方程式解的思索》，震惊了数学界。

四次方程以上到 n 次方的解法，300 年来没有人解决这个问题。没想到一个文学系的学生，一个数学常考不及格的学生，竟然提出了正确的解法，这怎么能不让人吃惊？

在朋友的帮助下，埃尔米特勉强通过毕业考试。由于不会应付考试，无法继续升学，他只能做助教。这份助教工作，他做了几乎 25 年，尽管他在这 25 年中发表了代数连分数理论、函数论、方程论……已经名满天下，数学水平远超过当时所有大学的教授，但是因为不会考试，没有高等学位的埃尔米特，却不能走上讲台，而只能批改学生作业。

但是，埃尔米特始终相信，数学的存在有其本身的美。数学不是老师考验学生的功课，而是为了应用于生活。埃尔米特对数学本身的热爱，使他一直走下去。他从不计较得失，在数学的世界里勇往直前。

点评

埃尔米特用他的聪明和勤奋赢得了世人的尊重。他的一生证明：一个不会考试的人，一个数学成绩不及格的人，仍然可以成为伟大的数学家，仍然可以成功。

数学王国的巾帼英雄——索菲娅·柯瓦列夫斯卡娅

纵观世界科学史，女性科学家屈指可数，女数学家更是难得。而索菲娅·柯瓦列夫斯卡娅的奋斗经历则充满着传奇的色彩。

19 世纪末的一年，法兰西科学院举行第三次有奖国际征文，向全世界征集关于刚体绕固定点运动问题的论文，悬赏 3 000 法郎。这样的征文活动以前曾举行过两次，但是不少科学家的努力都以失败告终。鉴于此问题的重要性，法兰西科学院决定第三次征集论文，这使许多素有威望的数学家跃跃欲试。可是到了评判那天，评委们全都大为震惊。他们发现有一篇文章在无数平凡之作中脱颖而出。从这篇文章的每一个步骤、每一个结论，都可以看出作者那超人的才华。

评判结束了，评委们打开密封的名字一看，令他们惊奇的是，获奖的是一位俄罗斯女性，她就是数学王国的巾帼英雄——索菲娅·柯瓦列夫斯卡娅。

索菲娅生于将军之家，从小她就对数学产生了浓厚的兴趣。但她的父亲对女性有着传统的偏见，反对女儿学习数学。然而，索菲娅没有放弃自己热爱的数学，她经常躲在自己的房间里偷偷地看数学书。渐渐地，索菲娅的好奇心、求知欲和进取心更强了。过了一年，一本基利托夫的物理书引起了索菲娅的注意，因为基利托夫教授是她的邻居。她发现书中利用许多三角知识，然而三角知识当时对她却是一个陌生的世界。于是她从画弦开始，自己推导出一系列三角公式，这无疑相当于一个数学分支史的再创造。这一超人的天赋，使基利托夫教授大为震惊，他仿佛看到了一位新帕斯卡的出现。基利托夫教授再三地说服索菲娅的父亲，使得他终于同意女儿前往外地学习微积分和其他课程。可是正当她渴望能上大学深造的时候，父亲却严令将她召回。这位当过将军的父亲怎么也不能理解女儿对数学的执著。

为了圆自己上大学的梦想，已经成人的索菲娅使出了作为姑娘家最为有效的一招。她决定出嫁了，丈夫是一位年轻开明的生物学家。婚后，她与丈夫双双来到彼得堡。可是到了那里，索菲娅还是被大学拒之于门外，因为当时的俄国大学不招收女生。

没过多久，索菲娅当了母亲。幼小的生命、繁重的家务充满了她的生活，淡化了她对数学的酷爱。一天，小孩的屋里没有糊墙的纸，她就把数学家奥斯特洛格拉德斯基的书撕下来裱糊。然而这些散页中的各种符号却引起了索菲娅的注意，重燃了索菲娅学习数学的热情。幸好她的丈夫也很支持她，她买了许多数学书日夜攻读，还在彼得堡大学非正式跟班旁听。渐渐地，她深造的愿望更加强烈了。

年仅 20 岁的索菲娅毅然决定前往柏林，因为那里有一所她倾慕已久的学府——柏林大学。但是在那个时代，歧视妇女的思想并没有国界，柏林大学居然也拒绝接纳这位外国女生。然而，索菲娅并不因此罢休，她找到了在柏林大学任教的著名数学家魏尔斯特拉斯，直接向他提出上大学的请求。这位年近花甲的教授用怀疑的眼光看了看这个外国姑娘，然后向她提出了一个当时相当深奥的椭圆函数问题。索菲娅马上以巧妙的构思、非凡的见解、精辟的结论做出了解答。魏尔斯特拉斯震撼了。索菲娅的超人才华使教授破例答应收她为私人学生。在名师的指点下，索菲娅迅速地成长着。

23 岁时，索菲娅连续发表了三篇关于偏微分方程的论文。由于论文的创造性价值，哥廷根大学破例在无须答辩的情况下，授予索菲娅博士学位。

25 岁的索菲娅回到故乡，但等待她的却是无限的忧愁。沙皇俄国不允许一个女人走上讲台，研究机构也不许女人进入。就这样，索菲娅令人惋惜地中断了 3 年研究。而后又因小女儿的出生再次耽搁了两年。就这样，5 年后，彼得堡召开科学大会，著名数学家车比雪夫请她为大会提供一篇文章。她从箱底翻出一篇 6 年前没有发表的关于阿贝尔积分的论文，献给大会。然而这篇放置了 6 年之久的文章依然引起了大会的轰动。

索菲娅 38 岁时，法兰西科学院授予她波士顿奖，表彰她对于刚体运动的杰出研究。第二年，瑞典科学院也向她授奖。同年 11 月，由于这位女数学家的巨大功绩，以及以切比雪夫为首的一批数学家的坚决请求，俄国科学院终于放弃了“女人不能当院士”的旧规。

然而，正当索菲娅可以放手研究时，她在从法国返回斯德哥尔摩的途中病倒。由于医生的误诊，无情的病魔夺去了她年轻的生命，此时她年仅 42 岁。索菲娅的一生虽然短暂，却为数学史留下了光辉的一页。

点评

身为女性，索菲娅和历史上许多伟大的男性数学家共享盛名，但她却比他们付出了更多的艰辛和努力。她自强不息的精神鼓舞着一批批像她一样在探索科学的道路上跨越重重障碍向着目标前进的人们。

数学大师——庞加莱

庞加莱，19 世纪末 20 世纪初法国著名数学大师。他在数学、物理学、天体力学等方面均有卓越的研究，他被誉为对数学具有全面了解、能够统观全局的最后一位大师。

庞加莱的童年是不幸的，而且也未表现出什么超人的天才。当幼儿时，他的运动神经官能就缺乏协调，写字、画画都不好看。5 岁时，他不幸地患上了白喉病，从此就留下了喉头麻痹症。疾病使他长时期身体虚弱，缺乏自信。他无法和小伙伴们剧烈地游戏，只好另找乐趣，这就是读书。在读书的过程中，他的天资逐渐显露出来。读书增强了他的空间记忆（视觉记忆）能力和时间记忆能力。他视力不好，上课看不清老师在黑板上写的东西，只好全凭耳朵听，这反倒增强了他的听觉记忆能力。这种“内在的眼睛”大大有益于他后来的工作，他能够在头脑中完成复杂的数学运算，他能够迅速写出一篇论文而无需大改。

15 岁时，庞加莱被奇妙的数学深深地吸引了，他曾在没有记一页课堂笔记的情况下赢得了一次数学大奖。19 岁时，庞加莱进入综合工科学校深造。两年后，他到国立高等矿业学校学习，打算做一名工程师，但因为对数学的热爱，他一有空闲就钻研数学，并在微分方程一般解的问题上初露锋芒。24 岁时，他向法国科学院提交了关于这个课题的“异乎寻常”的论文，并于第二年得到数学博士学位。由于工程师的职业与他的志趣不符合，所以他想做一名职业数学家。在得到博士学位后不久，便应聘到卡昂大学做数学分析教师。两年后，他成为巴黎大学教授，讲授力学和实验物理学等领域的课程。

从 24 岁直至他逝世，这段时间是庞加莱创造力的极盛时期。在 30 多年科学生涯中，他发表了将近 500 篇科学论文和 30 本左右的科学专著，这些论著包括了数学、物理学、天文学的许多分支，这还没有把他的科学、哲学经典名著和科普作品计算在内。由于他的杰出贡献，他赢得了法国政府所能给予的一切荣誉，同时也受到英国、俄国、瑞典和匈牙利等国政府的奖赏。早在 33 岁那年，他就被选为法国科学院院士，接着又当选为院长。同时，他还被选为法兰西学院院士，这是法国科学家所能得到的最高荣誉。

随着岁月的流逝，庞加莱感觉自己的身体越来越差、精力减退，他预感到自己将不久于世。可是，他不愿放下手头的工作去休息，他头脑孕育的新思想太多了，他不愿让它们和自己一起埋葬，他要在有限的时间里继续从事自己喜爱的数学事业。在索尔维会议之后，他投身于量子论的研究，并撰写论文，发表讲演。同时，他还在思考一个新的数学定理，即把狭义三体问题周期解的存在问题归结为平面的、连续变换在某些条件下不动点的存在问题。

临终前三周，庞加莱抱病在法国道德教育联盟成立大会上发表了最后一次公开讲演。他说，“人生就是持续的斗争”“如果我们偶尔享受到相对的宁静，那正是因为我们先辈顽强斗争的结果。假使我们的精力、我们的警惕松懈片刻，我们就会失去先辈们为我们赢得的斗争成果”。庞加莱的一生就是持续斗争、永远进步的一生。

庞加莱曾被认为是 19 世纪末 20 世纪初数学界的领袖人物。他的研究和贡献涉及数学的各个分支，例如函数论、代数拓扑学、阿贝尔函数和代数几何学、数论、代数学、微分方程、数学基础、非欧几何、渐近级数和概率论等，当代数学不少研究课题都溯源于他的工作。

点评

庞加莱的一生充满了坎坷和挫折，尤其是他不幸的童年，但他并未放弃和气馁，终于在数学科学的领域里发光发热，取得了卓越的成就。晚年的庞加莱更是向我们展示了他不屈不挠、顽强的精神。他把自己的一生全都献给了他所热爱的事业。

中国数学界的伯乐——熊庆来

人们在赞美千里马时，总会想起识马的伯乐。中国科学界在赞美华罗庚时，也不会忘记他的老师、中国近代数学的先驱——熊庆来。

熊庆来，字迪之，云南弥勒人，18 岁进入云南省高等学堂学习，20 岁赴比利时学习采矿，以后又留在法国从事数学研究。他于 20 世纪 50 年代后期由巴黎回国，在中国科学院数学研究所工作。他主要从事函数论方面的研究工作，定义了一个“无穷级函数”，国际上称为“熊氏无穷数”。

熊庆来热爱教育事业，为培养中国的科学人才，做出了卓越的贡献。他在清华大学当数学系主任时，从学术杂志上发现了华罗庚的名字，了解到华罗庚的自学经历和数学才华以后，毅然打破常规，请只有初中文化程度的 19 岁的华罗庚到清华大学。在熊庆来的培养下，华罗庚后来成为著名的数学家。我国许多著名科学家，如数学家徐宝禄、段学复、庄圻泰，物理学家严济慈、赵忠尧、钱三强、赵九章，化学家柳大纲等均是他的学生。当他 70 多岁高龄时，虽然已半身不遂，但还抱病指导两个研究生，这就是后来的青年数学家杨乐和张广厚。

熊庆来爱惜和培养人才的高尚品格，深受人们的赞扬和敬佩。有一个故事可以充分说明他爱惜人才，为人才的培养奉献自己的精神。早在 1921 年，熊庆来在东南大学（南京大学前身）当教授。那时，有一个叫刘光的学生很有才华，熊庆来经常指点他读书、研究。后来刘光有了出国深造的机会，可是他却家境贫寒，支付不起出国学习的费用。为了不使这位人才失去深造的机会，熊庆来和一位也教过刘光的教授，共同资助刘光出国留学，并且按时给他寄生活费。有一次，熊庆来甚至卖掉自己身上穿的皮袍子，给刘光寄钱。刘光成为著名的物理学家后，经常满怀深情地提起这段往事，他说："教授为我卖皮袍子的事，10 年之后才听到，当时，我感动得热泪盈眶。这件事对我是刻骨铭心的，永生不能忘怀。他对我们这一代多么关心，付出了多么巨大的热情和挚爱呀！"

熊庆来是我国伟大的数学家、数学教育家。他曾参与创建东南大学和清华大学数学系，并长期担任云南大学校长，致力于复变函数值分布理论的研究，在无穷级整函数与亚纯函数方面有一系列成果，是我国函数论研究的开拓者之一。

点评

“千里马常有，而伯乐不常有。”熊庆来既是中国近代数学的先驱，更难得的是，他同时也是善于发现千里马的伯乐。因为他的眼光和爱惜人才的品质才使更多的数学家投入到数学领域中贡献力量，创造财富。

数学猜想

四色猜想

四色猜想是世界近代三大数学难题之一。它是由英国的弗南西斯·格思里首先提出的。

1852年，格思里从伦敦大学毕业后，来到一家科研单位搞地图着色工作。细心的他发现，在一幅正规地图中，凡是有共同边界的国家，最多只用4种颜色着色，就能把这些国家区别开来。他把这个有趣的现象写信告诉了在大学读书的弟弟。兄弟俩想从数学上加以严密论证，但是二人苦思冥想了很长时间，论证的草稿堆了一大堆，仍然毫无头绪。

格思里的弟弟只好请教他的老师、著名数学家德·摩尔根，摩尔根经过研究也没有找到解决这个问题的途径，但也不能否认它。于是他写信向自己的好友、著名数学家哈密尔顿爵士请教。哈密尔顿接到摩尔根的信后，很感兴趣，他决心对四色问题进行论证。但直到 1865 年哈密尔顿逝世为止，问题也没有能够解决。于是这个问题便以“四色猜想”的名字留在了近代数学史上。

著名的英国数学家凯利把“四色猜想”通报给伦敦的数学学会会员，征求解答。数学界顿时活跃起来，很多人跃跃欲试，想证明自己的能力。

著名的律师兼数学家肯普宣布证明了四色猜想并提交了论文。紧接着，泰勒也提交了证明四色猜想的论文，宣布证明了四色定理。至此，人们以为四色定理的问题已经解决，很少有人过问。然而还有一个数学家赫伍德，并没有放弃对四色问题的研究，他花费了毕生的精力致力于四色研究，前后整整 60 年。终于在 19 世纪末，也就是肯普宣布证明了四色定理的 11 年之后，赫伍德发表文章，指出了肯普证明中的错误。不久，泰勒的证明也被人们否定。四色猜想的论证又陷入不可知的状态。

人们意识到四色猜想并不是那么简单的问题，许多科学家在前辈研究的基础上又开始了四色猜想的证明。美国数学家富兰克林证明了 22 国以下的地图都可以用四色着色。11 年后，有人从 22 国推进到 35 国。10 年后，有人又证明出 39 国，随后又推进到了 50 国。然而，这种证明的推进十分缓慢。

计算机的发明给四色猜想的论证带来了希望。美国数学家阿佩尔与哈肯，在美国伊利诺斯大学 3 台不同的电子计算机上，用了 1 200 个小时，做了 100 亿次判断，终于完成了四色定理的证明。四色猜想的计算机证明，轰动了世界。虽然四色定理本身没有什么突出的理论价值和实际价值，可是它解决了一个历时100多年的难题，而且有可能成为数学史上一系列新思维的起点。可是不少数学家并不满足于计算机取得的成就，他们仍在努力地寻找一种简洁、明快的书面证明方法，使四色猜想的论证更加完美。我们期待着那一天的到来。

点评

地图上的4种颜色就可以把不同的国家区别出来，看似简单的四色猜想至今却没有人能完全证明，可见数学问题是多么深奥呀！

费马猜想

“费马猜想”通常也叫作“费马大定理”或“费马最后定理”。它是17世纪法国卓越的数学家费马提出的。

费马生于法国，自幼就受到良好的教育。他少年时代，聪明好学、才思敏捷，尤其对数学表现出了极其浓厚的兴趣。

但是由于家庭关系，费马在大学里攻读的是法律，毕业后当上了律师，后来做了官。他业余时间博识广闻、博览群书，由于他精通数学，因而被誉为“业余数学家之王”。

费马有个“不动笔墨不读书”的习惯，读书时爱在书上勾勾画画，圈点批注，抒发见解与议论。

一天，费马在阅读古希腊大数学家丢番图的《算术》一书时，在书页边的空白处写下了一段话。历史上戏称这个定理叫作“书页边上的定理”，即“任何一个数的立方不能分解为两个立方之和；任何一个数的 4 次幂不能分解为两个 4 次幂之和；更一般的，除二次幂外，两个数的任何次幂的和都不可能等于第三个具有同次幂的数”。

费马的这段笔记，用数学语言表达，就是形如$a^n+b^n=c^n$的方程，当$n>2$时，不可能有正整数解。这就是有名的“费马大定理”或“费马猜想”。

接着他又写下了附加的评注：“我对此命题有一个十分绝妙的证明，这里空白太小，写不下。”这就是说，费马认为他证明了上面的结论。事实上，人们遍寻费马的手迹，并没有发现这一“绝妙的证明”，而只看到对于$n=4$的情形的证明。

费马逝世后，由于一直找不到这个猜想的证明，于是引起了许多数学家的兴趣。如莱布尼茨、欧拉、高斯、阿伯尔、狄利克星、柯西以及库莫尔等著名数学家都试证过，均没有得到普遍的证明。

具体说来，$n=4$的情形除了费马本人已有证明外，莱布尼茨和欧拉也给出了它的证明。18 世纪 60 年代，欧拉又证明了$n=3$时不定方程没有正整数解。还有 71 岁高龄的老数学家勒尚德和年仅 20 岁的青年数学家狄利克雷均各自证明了当$n=5$时的费马猜想。

到了 19 世纪中期，研究“费马猜想”正处于一个高潮之中。法国科学院曾先后两次以 2 000 法郎的奖金进行悬赏征求解答，应征者虽然大有人在，但没有一个解答是正确的。

20 世纪初，德国哥廷根皇家科学院又将“费马猜想”征求解答，悬赏奖金提高到 10 万马克，限期 100 年。消息传出后，在几年之内，应征者大量涌现，但其论证方法仍无一正确。

为了寻求费马大定理的解答，3 个多世纪以来，一代又一代的数学家们前赴后继。历史性的转变发生在 1993 年 6 月 21 日至 23 日这三天，当时在普林斯顿数学系任教的 40 岁的怀尔斯正在英国剑桥大学举行一次有 40～60 人出席的数学会议上，每天做一段演讲，题目是“模形式、椭圆曲线和伽罗华表示”。从题目上看不出他要讲的是费马大定理，但是他演讲的最后一句话是“这表明费马大定理成立，我的证明完毕”。

怀尔斯的证明引起了数学界的很大关注，他的初稿虽然有少许瑕疵，但是稍后被怀尔斯自己修正过来。《纽约时报》曾发表了题为“安德鲁·怀尔斯放出数学卫星，350年的古老问题已被攻克”的有关报道。

安德鲁·怀尔斯经过8年的孤军奋战，用130页长的篇幅证明了费马大定理。怀尔斯成为整个数学界的英雄，声望和荣誉接踵而来。1995年，怀尔斯获得瑞典皇家学会颁发的Schock数学奖；1996年，他获得沃尔夫奖，并当选为美国科学院外籍院士。

然而，怀尔斯说：“费马大定理是我一生的理想，我为之奋斗，充满激情……特殊、漫长的探索已经结束了，我的心已归于平静。”

点评

如果没有那小小的空白，就不会有著名的费马猜想，不会有后人纷繁多样的思索，不会有无数科学家废寝忘食的证明，更不会有从证明过程中无意发现的其他定理。空白，并不一定是残缺。就像我们国画中的留白，有时候，小的空白也是一种境界。

费马数猜想

费马数最先由费马提出，让我们先从费马说起。

费马，最初从事律师职业，空闲时间钻研数学。时间的多少并不能决定成绩的大小。虽然费马从 30 岁才开始认真研究数学，但是他取得的成绩不亚于一流的数学大师。他在几何学、概率论、微积分和数论等众多数学领域里都留下了自己的足迹，尤其在数论方面，奠定了近代数论的基础，被称为“近代数论之父”。

在数学的研究中，费马发现：当 n 取 0，1，2，3，4 时，式子 $2^{2^n}+1$ 对应的值（3，5，17，257，65 537）都是素数。于是费马认为形如 $2^{2^n}+1$ 的数都是素数，但是费马没有找到证明的方法。这个猜测就是费马数猜想，并用 F_n 表示费马数。

费马数猜想是否正确呢？在没有找到推理方法之前，任何人都不能轻易下结论。费马没有证明就凭直觉做出判断，是否太轻率呢？但是不管怎样，费马数的研究还是吸引了很多人。

1732 年，即费马死后 67 年，25 岁的欧拉证明了 F_5 是一个合数，从而说明费马的结论是不正确的。

这一结论奠定了人们寻找大的费马合数的理论基础。20 世纪初，莫瑞汉德与韦斯坦证明 F_7 是合数。接着，这两位数学家利用同样的方法证明 F_8 是合数。20 世纪 70 年代后期，威廉姆找到 $F_{3\,310}$ 的一个因子：$5\times 3\,313+1$，从而证明它是合数。20 世纪 80 年代初，人们找到 $F_{9\,948}$ 的一个因子：$19\times 2^{9\,450}+1$，从而证明它是合数……

随着电子计算机的发展，计算机成为数学家研究费马数的有力工具。但是，在所知的费马数中竟然没有再添加一个费马素数。迄今为止，费马素数除了被费马本人所证实的那 5 个外竟然没有再发现一个！如果再不可能发现费马素数，那么费马的猜测将是多么荒唐。费马真的错了吗？

18 世纪末，19 岁的高斯宣布他发现了正 17 边形的尺规作图方法，这个发现不仅震惊了数学界，而且也给费马数的证明带来了希望。高斯继续研究得出了如下结论：具有素数 p 条边的正多边形可用尺规作图的必要条件是 p 为费马数。由于我们现在得到的费马素数只有前 5 个费马数，那么可用尺规作图完成的正素数边形就只有 3，5，17，257，65 537。简单地说，能做出奇数边的正多边形数的都是这 5 个费马数的组合。

“数学王子”高斯的结论对费马数的研究产生了历史性突破。此后，人们对费马数的证明重新燃起了兴趣的火花。

借助计算机的帮助，人们得出费马数的许多新发现。如今，人们找到了具有 746 190 位数的费马数因子：$3\times 2^{2\,478\,785}+1$，由此人们得到了截至目前最大的费马合数 $F_{2\,478\,782}$。2003 年 11 月 1 日，有研究成果宣布：一个新的费马数因子 $1\ 054\ 057\times 2^{8\ 300}+1$ 被发现，这同时意味着又一个费马合数 $F_{8\ 293}$ 的产生。

当然，费马数的研究还在继续。

点评

费马数猜想几经波折，终于被高斯证明费马的猜想是可以实现的。世间本没有什么不可能，只要我们齐心协力，只要我们努力去做，任何困难都能解决。

哥德巴赫猜想

哥德巴赫猜想是世界近代三大数学难题之一，最先由哥德巴赫提出。

哥德巴赫生于德国哥尼斯堡，从小受到良好的教育。他是一位业余的数学爱好者，闲暇之余喜欢研究数学，因此结交了许多数学家，而且经常与他们通信往来。

18 世纪中期的一天，他给好友——俄国彼得堡的大数学家欧拉——写了一封信。信中提出这样两个问题：第一，是否每个大于 4 的偶数都能表示为两个奇质数之和？如 $6=3+3$，$14=3+11$ 等。第二，是否每个大于 7 的奇数都能表示 3 个奇质数之和？如 $9=3+3+3$，$15=3+5+7$ 等。欧拉在回信中说，他相信这个猜想是正确的，虽然他不能给出证明，这就是著名的哥德巴赫猜想。它是数论中的一个著名问题。从此，这道数学难题引起了几乎所有数学家的注意。哥德巴赫猜想由此成为数学皇冠上一颗可望而不可即的“明珠”。

哥德巴赫猜想的第一个问题又叫奇数的猜想，第二个问题又叫偶数的猜想。实际上第一个问题的正确解法可以推出第二个问题的正确解法，因为每个大于 7 的奇数显然可以表示为一个大于 4 的偶数与 3 的和。

哥德巴赫猜想引起了成千上万个数学家对它的兴趣，人们很想摘到这颗“明珠”。然而，近 200 年过去了，没有人证明它。直到 20 世纪 20 年代，才有人开始靠近对于偶数的猜想。从 1920—1937 年，外国和中国的一些数学家先后证明了“7＋7”“6＋6”“5＋7”“4＋9”“3＋15”和“2＋366”等命题。哥德巴赫猜想的论证进展缓慢，但是已有了一定的成果，这使得后人一直没有放弃努力。

1937 年，苏联数学家维诺格拉多夫利用他独创的“三角和”方法证明了每个充分大的奇数可以表示为 3 个奇质数之和，基本上解决了第二个问题，但是第一个问题仍未完全解决。由于问题实在太困难了，数学家们开始研究较弱的命题：每个充分大的偶数可以表示为质因数个数分别为 m，n 的两个自然数之和，简记为“$m+n$”。

这个迂回战术又给科学家们以很大的帮助。20 世纪三四十年代，科学家们又证明了“5＋5”“4＋4”“$1+c$”，其中 c 是一很大的自然数。1956 年，中国数学家王元证明了“3＋4”。1957 年，中国数学家王元先后证明了“3＋3”和“2＋3”。1962 年，中国数学家潘承洞和苏联的巴尔巴恩证明了“1＋5”，中国的王元证明了“1＋4”。中国的学者为哥德巴赫猜想的证明做出了巨大的贡献，这是有目共睹的。

1965 年，苏联的布赫夕太勃和小维诺格拉多夫，以及意大利的朋比利证明了“1＋3”。

1966 年，中国数学家陈景润证明了“1＋2”。这一结果被称为

“陈氏定理”，至今仍是最好的结果。陈景润的杰出成就不仅使他得到广泛赞誉，也显示了以陈景润为代表的一大批中国数学家的实力和他们不畏艰险、坚持不懈的精神。至此，中国在哥德巴赫猜想的证明上处于领先地位，得到了世界数学界的认可。

现在，还有“1＋1”的证明没有解决。谁能攻克“1＋1”这个难题呢？让我们拭目以待。

点评

提出问题，而后解决问题；找出疑难，然后攻克它，科学就是这样一步一步越走越远的。

黎曼猜想

黎曼猜想、庞加莱猜想、霍奇猜想、波奇和斯温纳顿－戴尔猜想、纳威厄－斯托克斯方程、杨－米尔理论、P 对 NP 问题被称为 21 世纪七大数学难题。

美国克雷数学研究所将它们设为“千年大奖问题”，每个难题悬赏 100 万美元征求证明。

据专家们说，黎曼猜想一旦被攻克，将对加密学有帮助。其余的难题一旦破解，将会给航天、物理等领域带来突破性进展，并会开辟全新的数学研究领域。

我们先来说说黎曼。黎曼 1826 年出生于德国，父亲是一位牧师。他小的时候喜欢历史，对古代战争故事很感兴趣。在他接触了数学以后，马上被数学吸引，常常出一些数学题给他的姐妹、弟弟做。在学校里，他的数学成绩非常突出。他学得很快，已经超越老师所讲的内容，于是他开始向老师借阅更多的数学著作来读。有一次，他向老师借了《数论》，不到一个星期就还回来了。老师惊奇地问："你都读懂了吗?"黎曼回答说："这本书很奇妙，我都懂了。"后来他再没有碰过这本书。毕业时，老师从《数论》中出了几道题考他，他居然答得非常好。

大学里，黎曼学的是哲学和神学，因为父亲希望他成为神学家。但是，黎曼对数学的热爱有增无减，他选读了数学的课程，后来又转到柏林大学专门学习数学。

在他关于素数的论文中，他提出了著名的黎曼猜想。素数就是除了1及本身之外就没有其他因子的数，素数又叫质数。18世纪30年代，欧拉引进了齐打函数，黎曼把齐打函数的定义域扩大到复数域上，他要研究什么样的复数 s，能使 $\zeta(s)=0$，他在文章里给出了下面著名的猜想："所有的非实数的复数 s 使得 $\zeta(s)=0$，必定在直线 $\mathrm{Re}(s)=12$ 上。"

黎曼猜想提出后，许多数学家都尝试解答，黎曼自己也不例外。即使在贫困和疾病的困难面前，他也坚持自己的研究，没有放弃。遗憾的是，在他有生之年并没有解决这个问题。

著名的英国数学家哈地与黎曼猜想还有一个有趣的故事。哈地从不信仰宗教，也不参加宗教活动，他自认为"上帝是他的敌人"。有一年的夏末，哈地要乘船渡北海回英国，那天浪涛汹涌，天气很恶劣，哈地担心船会出事，因此他在船开之前就写了一张明信片寄给波尔，在上面简单地写下这几个字："我已经证明了黎曼假设。哈地。"事实上，他并没有证明黎曼猜想，他为什么这样说呢?

原来这明信片是有用意的：万一这船沉下去，哈地溺死了，世人就会认为哈地真地解决了这个世界上的数学难题，哈地也从此享有了这个崇高的荣誉。但是，哈地觉得上帝是他的仇人，上帝一定不会让他享有解决这个著名难题的声誉，因此上帝会想办法不让船沉下去，这样哈地就可以平安回到英国。这个明信片其实是他自制的救命护身符。哈地认为是黎曼猜想救了他。他的想法虽然可笑，但也看出黎曼猜想对他有着多么深刻的影响。

100多年过去了，这个数学难题像冰山一样屹立在那里，多少学者呕心沥血，仍然没有攻克它。德国著名的数学家希尔伯特在老年时曾被人问了一个有趣的问题："假定你去世后一两年能复活，您会做什么呢?"希尔伯特回答："我会先问黎曼猜想是否已经获得解决了。"

点评

20世纪七大数学难题之一的黎曼猜想，从提出到现在已经100多年了，许多数学家为此付出了巨大的努力。虽然它仍没有被真正攻克，但是，科学在发展，相信在不远的将来，我们一定能听到科学家们胜利的呼喊声。

庞加莱猜想

庞加莱猜想是21世纪七大数学难题之一。困扰了数学家整整一个世纪的"庞加莱猜想"，最终由中国数学家彻底揭开了它的面纱。

庞加莱出生于法国，被誉为"最后一位数学全才"。他的研究和贡献涉及数学的各个分支，例如函数论、代数拓扑学、数论、代数学、微分方程、数学基础、非欧几何、渐近级数、概率论等，当代数学不少研究课题都溯源于他的工作。

20世纪初，庞加莱是在一组论文中提出这样的猜想："单连通的三维闭流形同胚于三维球面。"它后来被推广为"任何与n维球面同伦的n维闭流形必定同胚于n维球面"。我们不妨借助二维的例子做一个粗浅的比喻：一个无孔的橡胶膜相当于拓扑学中的二维闭曲面，而一个吹胀的气球则可以视为二维球面，二者之间的点存在着一一对应的关系，同时橡胶膜上相邻的点仍是吹胀气球上相邻的点，反之亦然。有趣的是，这一猜想的高维推论已于20世纪60年代和80年代分别得到解决，唯独三维的情况仍然像只拦路虎一样趴在那里，向世界上最优秀的拓扑学家发出挑战。任何一个封闭的三维空间，只要它里面所有封闭曲线都可以收缩成一点，这个空间就一定是一个三维圆球——这就是庞加莱猜想。

100多年来，科学家们不断地努力，使庞加莱猜想有了一些进展。巨大的困难没有吓倒他们，科学家们前仆后继，一点一点地积累成果。20世纪80年代初，美国数学家瑟斯顿教授因为得出了对庞加莱几何结构猜想的部分证明结果而获得菲尔兹奖。之后，美国数学家哈密尔顿在这个猜想的证明上也取得了重要进展，做出了巨大的贡献。新世纪伊始，俄罗斯数学家佩雷尔曼更是提出了解决这一猜想的要领。

我国数学家丘成桐把这比喻成盖楼房，前人打基础，后人在基础之上继续作业。但是最后的“封顶”工作是由中国人完成的。

消息传出后，全国很是振奋。庞加莱猜想的难度不亚于黎曼猜想，而重要程度甚于哥德巴赫猜想。这个举世瞩目的难题最后由我们解开，这能不让我们兴奋吗？

当记者采访这个研究项目的功臣朱熹平和曹怀东教授时，他们谦虚地表示：“能够加入到这个研究领域，学习这些东西，这已经是种荣幸。其实我们也只是在科学研究的路程中有幸捡到一块石头而已，周围还有很多‘高手’，因此我们取得的成果不算什么。”他们还特别提到，是前人的努力和研究所同事的共同努力，才有了今天的成绩。

庞加莱猜想的解决，在数学猜想中是比较完整的证明。它的证明不仅为数学界做出了贡献，而且振奋了民族精神，增强了民族自豪感。世界的目光再一次聚焦在中国数学界。

点评

20世纪初由庞加莱提出的庞加莱猜想，历经了一个世纪后终于由我国数学家成功地解开了。这是我们的骄傲，它将激励更多青年数学家为数学研究做出贡献。

西尔维斯特猜想

数学史上有这样一件趣事，名流权威所解决不了的问题，却被“无名小卒”解决了，这就是西尔维斯特问题。

西尔维斯特是19世纪英国著名的数学家，他曾提出过一个很有趣的几何猜想（即西尔维斯特问题）：平面上给定 n 个点（$n \geqslant 3$），如果过其中任意两点的直线都经过这些点中的另一个点，那么，这 n 个点在同一条直线上。

这个看起来好像很容易的问题，却难倒了不少数学家。甚至连西尔维斯特本人直到逝世也没有能够解决它。50年过去了，许多著名数学家的探索都以失败告终。但出人意料的是，该问题最终却被一位“无名小卒”解决了。之所以说是“无名小卒”，是因为《美国科学新闻》《数学教师》等杂志在宣布这一问题的解答时，都没有提到这个人的名字，而且证明非常容易，连初中生都能理解。下面我们来看看他的精巧的证明。

用反证法。假设这 n 个点不在同一条直线上，那么过其中任意两点的直线外，均有已知点，它们到这条直线的距离都是正数。因为 n 是一个有限的数，所以这种距离最多只能有有限个。设 A，B，C，D 是其中的 4 个点，B，C，D 在同一条直线上，而且 A 到这条直线的距离 h 是上面我们提到的距离中最小的。不妨设 D 在 B，C 之间，D 到 AB，AC 的距离分别为 h_1，h_2，那么由 h 的最小性，有

$$h_1 AB + h_2 AC > h(AB + AC) > h BC$$

由于这个不等式两端均表示 $\triangle ABC$ 的面积，因而矛盾。因此，假设不对，这 n 个点只能在同一条直线上。

点评

凡人也有伟人所不可及的智慧，你相信自己吗?

卡迈克猜想

众所周知，费尔马小定理的逆定理是不成立的。1819 年，法国数学家沙路斯首先发现，虽然 341 整除 $2^{340}-1$，但是 $341=11\times31$，却是合数。像这样的数称为伪素数，已经证明伪素数有无穷多个。

人们自然会想到，如果 n 能够整除一切形如 $a^{(n-1)}-1$（a 与 n 互素）的数，则 n 总该是素数。结果并不如此简单，竟然有这样的数 n，它能整除所有的 $a^{(n-1)}-1$（a 与 n 互素）。这种极端的伪素数就称为卡迈克数，因为美国数学家卡迈克首先研究了这种极端伪素数，他发现 561 能整除一切 $a^{(n-1)}-1$（a 与 n 互素）的数，但是 $561=3\times11\times17$。卡迈克还得出了一个判定卡迈克数的定则：

（1）n 不包含平方因数。

（2）n 是奇数，至少含有 3 个不同的素因数。

（3）对于 n 的每一个素因数，$n-1$ 能被 $p-1$ 整除。

例如，$8\,911=7\times19\times67$，显然满足条件（1）和（2），$7-1=6$，$19-1=18$，$67-1=66$ 都能整除 $8\,911-1=8\,910$，即满足条件(3)，故 8 911 是卡迈克数。

不超过 100 000 的 16 个卡迈克数如下：

561，1 105，1 729，2 465，2 821，6 601，8 911，10 585，15 841,29 341，41 041，46 657，52 633，62 745，63 973，75 361。

一直困惑人们的问题：

(1) 如前述，以 a 为底的伪素数有无穷多，但同时以两个不同正整数 a，b 为底的伪素数是否也有无穷多？尚不知晓，甚至连 $a=2$，$b=3$ 的特殊情形也没有解决。

(2) 卡迈克数是否有无穷多个？

这就是有关卡迈克数的猜想。

点评

谜一样的数字究竟引发了人们几多思考？它的未来与求证急切地需要你的参与。

莱默猜想

莱默，20 世纪美国著名数学家。

莱默的贡献主要在数论领域，他也是一位计算数学家。他对卢卡斯函数、连分式、伯努利数与多项式、丢番图方程、数值方程、解析数论、模形式、筛法以及计算技术等都有研究。他曾解决过数论中的不少问题，如大整数的分解与是否素数的检验，并发现了伪平方数。他是第一个用电子计算机对黎曼 f 函数的根进行了大规模计算，得到了临界线上前 10 000 个零点，后又增加到 25 000 个零点。

莱默猜想究竟如何呢？

同余式 $$MM'=1 \pmod p \qquad (1)$$

式中，p 为奇素数，它的解的情形与性质，显然是使用中国剩余定理的一个重要问题。

设 $M=np+r$，$M'=n'p+r'$，其中 $0<r<p$，$0<r'<p$，则有

$$MM'=rr' \pmod p$$

因此，解同余式 $MM'=1\ (\mathrm{mod}\ p)$，只需考虑 M 与 M' 介于 0 与 p 之间的解。例如，$p=13$ 时，对应的解有（M，M'）=（1，1），（2，7），（3，9），（4，10），（5，8），（6，11），（7，2），（8，5），（9，3），（10，4），（11，6），（12，12）。

其中，（1，1）是显而易见的，无论 p 为何值，（1，1）都是式（1）的解，称为平凡解。人们更关心非平凡解的性质。美国著名数学家莱默（D. H. Lehmer，1905—）希望人们关注 M 与 M' 的奇偶性相反的解，将其解的个数记为 N_p。例如，$N_{13}=6$，即（2，7），（5，8），（6，11），（7，2），（8，5），（11，6）。

现在已经求出 $N_3=0$，$N_5=2$，$N_7=0$，$N_{11}=4$，$N_{13}=6$，$N_{17}=10$，$N_{19}=4$，$N_{23}=12$，$N_{29}=18$，$N_{31}=4$。

莱默由此归纳出：

当 $p=4n-1$ 时，N_p 能被 4 整除，即 $N_p=0\ (\mathrm{mod}\ 4)$；

当 $p=4n+1$ 时，N_p 被 4 除余 2，即 $N_p=2\ (\mathrm{mod}\ 4)$。

点评

莱默不仅希望人们关注 M 与 M' 的奇偶性相反的解，更希望人们从此爱上数学，爱上科学。

玻璃杯问题

巴尼在汽水柜台工作，他用 10 只玻璃杯给两名顾客出了个难题。巴尼说：“这一排有 10 只玻璃杯，左边 5 只内有汽水，右边 5 只空着，请你使这排杯子变成满杯与空杯相互交错，条件是只允许移动 4 只杯子。”两位顾客看了看巴尼，又看了看杯子，摇了摇头，不知道怎么办。巴尼说：“好吧，我来告诉你们，只要分别把第二只杯子和第七只杯子，第四只杯子和第九只杯子交换一下位置就成了。”

这时，奎贝尔教授正好走到柜台前，看到了他们的把戏，并且来了点小花招。奎贝尔教授说：“何必移动 4 只杯子，我只要移动两只就够了，你看可不可以。”巴尼纳闷地瞧着奎贝尔教授，不明就里。奎贝尔教授说：“其实很简单，只要拿起第二只杯子，把里面的汽水倒进第七只杯子，再拿起第四只杯子，把里面的汽水倒入第九只杯子就行了。”

1 2 3 4 5 6 7 8 9 10　　　1 2 3 4 5 6 7 8 9 10

■ ■ ■ ■ ■ □ □ □ □ □ ⟶ ■ □ ■ □ ■ □ ■ □ ■ □

虽然奎贝尔教授抓住话语间的模棱两可之处解决了这个问题，但这个问题并不像乍看上去那么简单。例如，还是这个问题，如果改成 100 只满杯挨着 100 只空杯排成一排，请考虑一下，若要使其变成满杯和空杯交错排列，需将多少对杯子互换位置。显然，如果有 $2n$ 只杯子，n 只满杯，n 只空杯，需要将 $n/2$ 对杯子互换位置。方法是 $2k$ 号杯子与 $2k+n$ 号杯子互换位置即可（$k=1, 2, 3, \cdots$），若 $n=100$，则需互换 50 次。

有一个与上面分析的问题类似但困难得多的古典难题。这回用两种不同颜色的杯子作为道具，但是移动方法却大相径庭：每次只能一块儿移动一对相邻的杯子，使结果成交错排列，以 $n=3$ 为例，解题过程如下图所示：

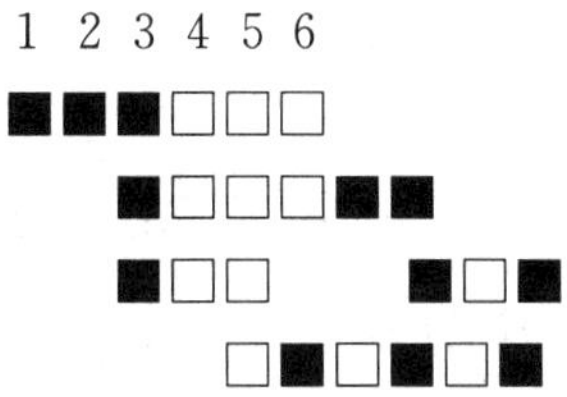

普遍的解是什么呢？当 $n=1$ 时，没有意义；当 $n=2$ 时，无解；当 $n>2$ 时，解此问题至少需要移动 n 次；当 $n=4$ 时，求解很不容易。你不妨试试，煞是有趣，或许你能够把当 $n \geqslant 3$ 时的解题过程公式化。

根据这一难题还可以产生许多奇异的变相问题，用来测验你的智力。这里试着举几例：

(1) 仍然是同时移动两只相邻的杯子，但是如果颜色不同，则要在移动过程中交换位置，这样一对黑白的杯子就变成一对白黑排列了。解 8 只杯子需要移动 5 次；对于 10 只杯子，5 次移动也够了。

(2) 某种颜色的杯子少一个，即某种颜色的杯子有 n 只，另一种颜色的杯子有 $n+1$ 只，其余规则不变，已经证明，对于任意 n 只杯子，其解须作 n 次移动，而且这是最少的移动次数。

(3) 使用 3 种不同颜色的杯子。按照通常的方法移动一对相邻的杯子，使得所有这 3 种颜色相互交错。当 $n=3$（共有 9 个杯子），其解需要作5次移动。在这些变相问题中，假设在最终形成的排列中，不允许留有任何空距。如果允许留有空距，则问题的解法就令人惊奇地变为移动4次了。

由此看来，还有许多其他的变化形式。例如，假设一次可以同时移动3只或更多的杯子，如上述各变相问题中改用这种移动方式，结果又会如何呢？假如是第一次移动1只杯子，第二次移动2只杯子，第三次移动3只杯子，依次下去，那又会怎样？给定某种颜色的杯子n个，另一种颜色的杯子也为n个，这个问题的解是否总是作n次移动。这种种问题都有待于人们去解决，这是非常有趣并值得我们思考的趣题。

点评

平平常常的生活中也有不平常的数学问题，对于生活中这些富有谜一样意义的例子，你是否睁大了双眼去仔细观察了呢？

角谷猜想

“角谷猜想”又称“奇偶归一猜想”，或“$3n+1$猜想”“考拉兹猜想”“哈塞猜想”“乌拉姆猜想”或“叙拉古猜想”。它首先流传于美国，不久便传到欧洲，后来一位名叫角谷的日本人又把它带到亚洲，因而人们就顺势把它叫作“角谷猜想”。其实，叫它“奇偶归一猜想”更形象，也更恰当。

为什么叫它“奇偶归一猜想”呢?

意思是，它算来算去，数字上上下下，最后一下子回归到最小正整数，变成一个数字——“1”。

这个数学猜想的通俗说法是这样的：

任意给一个自然数 N，如果它是偶数，就将它除以 2，如果它是奇数，则对它乘 3 再加 1，即将它变成对任意的一个自然数施行这种演算手续，经有限步骤后，最后结果必然是最小的自然数 1。

对这个猜想，你不妨任意挑几个数来试一试：

若 $N=9$，则 $9\times3+1=28$，$28\div2=14$，$14\div2=7$，$7\times3+1=22$，$22\div2=11$，$11\times3+1=34$，$34\div2=17$，$17\times3+1=52$，$52\div2=26$，

26÷2=13，13×3+1=40，40÷2=20，20÷2=10，10÷2=5，5×3+1=16，16÷2=8，8÷2=4，4÷2=2，2÷2=1。

你看，经过 19 个回合（这叫“路径长度”），最后变成了“1”。

若 N=120，则 120÷2=60，60÷2=30，30÷2=15，15×3+1=46，46÷2=23，23×3+1=70，70÷2=35，35×3+1=106，106÷2=53，53×3+1=160，160÷2=80，80÷2=40，40÷2=20，20÷2=10，10÷2=5，5×3+1=16，16÷2=8，8÷2=4，4÷2=2，2÷2=1。

你看，经过 20 个回合，最后也仍然变成了“1”。

有一点更值得注意，假如 N 是 2 的正整数方幂，则不论这个数字多么庞大，它将“一落千丈”，很快地跌落到 1。例如：

$$N=65\ 536=216$$

则有 65 536 → 32 768 → 16 384 → 8 192 → 4 096 → 2 048 → 1 024 → 512 → 256 → 128 → 64 → 32 → 16 → 8 → 4 → 2 → 1。

你看，它的路径长度为 16，比 9 的还要小些。

我们说，“1”是变化的最终结果，其实不过是一种方便的说法。严格地讲，应当是它最后进入了“1→4→2→1”的循环圈。

这一结果如此奇异，是令人难以置信的。曾经有人拿各种各样的数字来试，但迄今为止，总是发现它们最后都无一例外地进入“1→4→2→1”这个死循环。已经验证的最大数目，已达到1 099 511 627 776。

由于数学这门科学的特点，尽管有了如此众多的实例，甚至再试验下去，达到更大的数目，但我们仍不能认为“角谷猜想”已经获得证明，因此还只能称它为一个猜想。（在我们所查阅的资料中，尚未见到对这一猜想的完整证明。）可想而知，要证明它或推翻它，都是很不容易的，要设法说出它的实质，也似乎是难上加难。

不仅如此，对于“角谷猜想”，人们在研究过程中或做出了改动，或进行了推广，得出的结果同样富有奇趣。比如，对于“角谷猜想”若作如下更动：

任给一个自然数，若它是偶数，则将它除以 2；若它是奇数，则将它乘以 3 再减 1……如此下去，经过有限次步骤运算后，它的结果必然毫无例外地进入以下 3 个死循环：

①1→2→1；

②5→14→7→20→10→5；

③17→50→25→74→37→110→55→164→82→41→122→61→182→91→272→136→68→34→17。

点评

自然界有众多的谜团，亲爱的读者，你能对它们做出证明吗？更进一步，你能做出新的发现，为数学这个万花园增添新的奇光异彩吗？

欧拉猜想——三十六军官问题

欧拉是18世纪最优秀的数学家，他在数论、几何学、天文数学、微积分等多个数学领域中都取得了出色的成就，一生著作颇丰，很是令人敬仰。

在欧拉的一生当中，他曾经提出过很多问题，但有一个问题却让人难以忘记。内容为从不同的6个军团各选6种不同军阶的6名军官共36人，排成一个6行6列的方队，使得各行各列的6名军官恰好来自不同的军团而且军阶各不相同，应如何排这个方队？

如果用（1，1）表示来自第一个军团具有第一种军阶的军官，用（1，2）表示来自第一个军团具有第二种军阶的军官，用（6，6）表示来自第六个军团具有第六种军阶的军官，则欧拉的问题就是如何将这36个数对排成方阵，使得每行每列的数无论从第一个数看还是从第二个数看，都恰好是由1，2，3，4，5，6组成。

历史上称这个问题为三十六军官问题。三十六军官问题提出后，很长一段时间没有得到解决，直到20世纪初才被证明这样的方队是排不出来的。尽管很容易将三十六军官问题中的军团数和军阶数推广到一般的 n 的情况，而相应的满足条件的方队被称为 n 阶欧拉方。

欧拉曾猜测：对任何非负整数 t，$n=4t+2$ 阶欧拉方都不存在。$t=1$ 时，这就是三十六军官问题，而 $t=2$ 时，$n=10$，数学家们构造出了 10 阶欧拉方，这说明欧拉猜想不对。但到 1960 年，数学家们彻底解决了这个问题，证明了 $n=4t+2$（$t\geqslant 2$）阶欧拉方都是存在的。

点评

问题终有它提出的依据和存在的必要，这需要我们不断地为之思考和努力。

首位数谜解

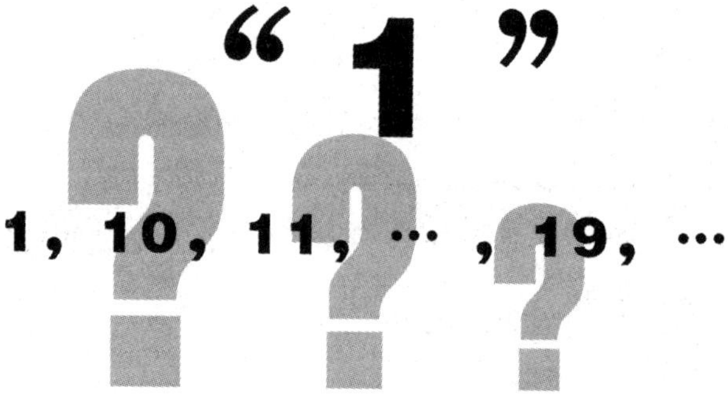

人们因为对生活中的许多现象习以为常而不求甚解。可是，如果仔细研究，这里面可能蕴含着深奥的道理。

天文学家在进行天文计算时，经常要使用对数表。20 世纪初，有一次天文学家西蒙·纽科姆在查对数表时，偶然发现了这样的现象：对数表开始的几页总要比后面几页磨损得厉害。这说明人们在查对数表时，较多地是使用了以 1 为首的那几页。于是，纽科姆便产生这样一个疑问：首位数是 1 的自然数在全体自然数中占有多大的比例？它是不是要比首位数是其他数字的自然数要多？人们后来就把这个问题称为“首位数问题”。

大家可能会认为这个问题是显而易见的。因为除 0 以外，共有 9 个数字：1，2，3，4，5，6，7，8，9。用其中任何一个数字开头的自然数，在全体自然数中的分布是均匀的，机会应该是均等的。这就是说，首位数为 1 的自然数应该占全体自然数的 1/9。可是，事实并不这么简单。20 世纪 70 年代，美国斯坦福大学统计学家珀西·迪亚科尼斯（当时还在哈佛大学做研究生）研究了这个问题，所得到的结论出乎人们的意料：首位数是 1 的自然数约占全体自然数的 1/3。准确一点说，这个数值应该是 lg2 约为 0.301 03。这是怎么一回事呢？

事实上，用不同数字做首位数字，这样的自然数的分布并不是很均匀的，也不是很规则的。首位数是1的自然数的分布规律：

1～9之间，这样的数只有1个，它就是1，因此占1/9；

1～20之间，这样的数有11个，它们是1，10，11，…，19，因此约占1/2；

1～30之间，这样的数同样有11个，约占1/3；

1～100之间，这样的数仍然只有11个，约占1/9；

1～200之间，这样的数有111个，它们是1，10，11，…，19，100，101，…，199，约占1/2。

注意到首位数是1的自然数在以上各区间的个数与这个区间内所有自然数个数的比值，总是在1/2与1/9之间来回振荡。于是，迪亚科尼斯经过研究，终于运用高等数学的方法，得出这些比值的合理平均值，它就是上面所讲到的lg2。

迪亚科尼斯当时并不知道这样偶然的发现有什么实际意义。后来，美国西雅田波音航天局数学家梅尔达德·沙沙哈尼在研究用计算机描绘自然景象的问题时，用上了这个结论。近年来，美国波音航天局将这一成果用于飞机模拟器，使飞行员在不离开地面的情况下接受训练，而能得到一种在空中飞行的实感。首位数问题的结论在科学技术中发挥了重大的作用。

点评

有时，一件微不足道的发明也会使宇宙改变颜色。你还在等待什么，尽情地发挥你的奇思妙想吧！